JN040997

# 学ぶ人は、変えてゆく人だ。

目の前にある問題はもちろん、

人生の問いや、

社会の課題を自ら見つけ、

挑み続けるために、人は学ぶ。

「学び」で、

少しずつ世界は変えてゆける。

いつでも、どこでも、誰でも、

学ぶことができる世の中へ。

旺文社

# もくじ

**教科書対照表** 下記専用サイトをご確認ください。

https://www.obunsha.co.jp/service/teikitest/

S T A F F

| | |
|---|---|
| 編集協力 | 有限会社マイプラン |
| 校正 | 株式会社ぷれす／山下聡／吉川貴子 |
| 装丁デザイン | groovisions |
| 本文デザイン | 大滝奈緒子（プラン・グラフ） |

# 本書の特長と使い方

## 本書の特長

**1** STEP 1 **要点チェック**, STEP 2 **基本問題**, STEP 3 **得点アップ問題**の3ステップで, 段階的に定期テストの得点力が身につきます。

**2** スケジュールの目安が示してあるので, 定期テストの範囲を1日30分×7日間で, 計画的にスピード完成できます。

**3** コンパクトで持ち運びしやすい「＋10点暗記ブック」＆赤シートで, いつでもどこでも, テスト直前まで大切なポイントを確認できます。

---

## STEP 1 要点チェック
テスト1週間前から確認!

単元の要点をまとめたページです。テスト範囲の大事なポイントを確認しましょう。

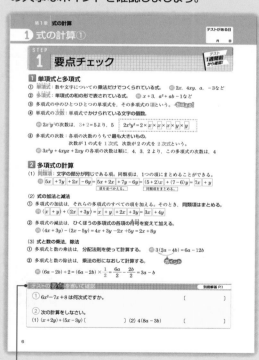

テストの**要点**を書いて確認
「要点チェック」の大事なポイントを, 書き込んで整理できます。

## STEP 2 基本問題
テスト5日前から確認!

基本的な問題で単元の内容を確認しながら, 定期テストの問題形式に慣れるよう練習しましょう。

わからない問題は, 右のヒントや**カギ**の内容を読んでから解くことで, 理解が深まります。

## アイコンの説明

 これだけは覚えたほうがいい内容。

 難しい問題。
これが解ければテストで差がつく!

 テストで間違えやすい内容。

 その単元のポイントをまとめた内容。

 テストによくでる内容。
時間がないときはここから始めよう。

 実際の入試問題。定期テストに
出そうな問題をピックアップ。

---

## STEP 3 得点アップ問題

単元の総仕上げ問題です。テスト本番と同じように取り組んで,得点力を高めましょう。

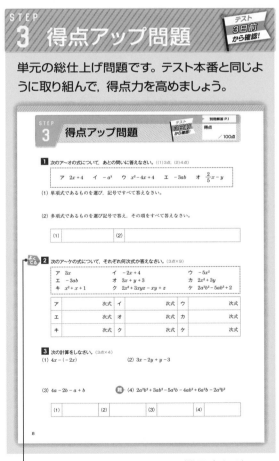

アイコンで,問題の難易度などがわかります。

## 定期テスト予想問題

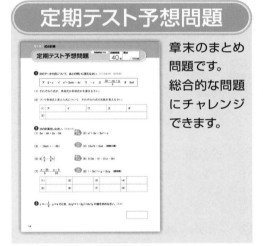

章末のまとめ問題です。
総合的な問題にチャレンジできます。

## +10点 暗記ブック

コンパクトで,テスト当日の確認にピッタリ!
赤シート付き。

# 1 式の計算①

## STEP 1 要点チェック

テスト1週間前から確認!

### 1 単項式と多項式

① **単項式**：数や文字についての**乗法だけでつくられている式。**　例 $2x$，$4xy$，$a$，$-3$など

② **多項式**：**単項式の和の形で表されている式。**　例 $x+3$，$a^2+ab-1$など

③ 多項式の中のひとつひとつの単項式を，その多項式の**項**という。　おぼえる!

④ 単項式の**次数**：単項式でかけられている文字の個数。

例 $2x^3y^2$の次数は，$3+2=5$より，5　┊ $2x^3y^2 = 2 \times \boxed{x} \times \boxed{x} \times \boxed{x} \times \boxed{y} \times \boxed{y}$ ┊

⑤ 多項式の次数：各項の次数のうちで**最も大きいもの。**

次数が1の式を**1次式**，次数が2の式を**2次式**という。

例 $3x^3y+4xyz+2xy$ の各項の次数は順に，4，3，2より，この多項式の次数は，4

### 2 多項式の計算

(1) **同類項**：**文字の部分が同じ**である項。同類項は，1つの項にまとめることができる。

例 $\boxed{5x}+\boxed{7y}+\boxed{2x}-\boxed{6y}=\boxed{5x+2x}+\boxed{7y-6y}=\boxed{(5+2)x}+\boxed{(7-6)y}=\boxed{7x}+\boxed{y}$

項を並べかえる。　　同類項をまとめる。

(2) **式の加法と減法**

① 多項式の加法は，それらの多項式のすべての項を加える。そのとき，**同類項はまとめる。**

例 $(\boxed{x}+\boxed{y})+(\boxed{2x}+\boxed{3y})=\boxed{x}+\boxed{y}+\boxed{2x}+\boxed{3y}=\boxed{3x}+\boxed{4y}$

② 多項式の減法は，**ひくほうの多項式の各項の符号を変えて加える。**

例 $(4x+3y)-(2x-5y)=4x+3y-2x+5y=2x+8y$

(3) **式と数の乗法，除法**

① 多項式と数の乗法は，**分配法則を使って計算する。**　例 $3(2a-4b)=6a-12b$

② 多項式と数の除法は，**乗法の形になおして計算する。**　ポイント

例 $(6a-2b)\div 2=(6a-2b)\times\dfrac{1}{2}=\dfrac{6a}{2}-\dfrac{2b}{2}=3a-b$

---

**テストの要点を書いて確認**　　　別冊解答 P.1

① $6x^2-7x+8$ は何次式ですか。　　〔　　　　　〕

② 次の計算をしなさい。

(1) $(x+2y)+(5x-3y)$〔　　　　　　〕　(2) $4(8a-3b)$　〔　　　　　〕

## STEP 2 基本問題

テスト5日前から確認！

別冊解答 P.1

得点 ／100点

---

1 次の式の項を答えなさい。（5点×2）

(1) $5a + 2b + 3$ [          ]

(2) $x^2 + 2xy - y^2$ [          ]

[1] 多項式の中のひとつひとつの単項式を，その多項式の項という。

---

2 次の式の次数を答えなさい。（4点×4）

(1) $4xy$ [          ]

(2) $2a + 3$ [          ]

(3) $3xy^2 + 2xy - 4y$ [          ]

(4) $a^2b^2 - a^2b + ab^2 - ab$ [          ]

[2] 単項式の次数は，単項式でかけられている文字の個数。多項式の次数は，各項の次数のうちで最も大きいもの。

---

3 次の計算をしなさい。（4点×6）

(1) $4a - 9a + a$ [          ]

(2) $x - 3x - 6x - 2$ [          ]

(3) $a - 5b + 2a - b$ [          ]

(4) $4xy - 5y + 7xy + 3y$ [          ]

(5) $a^2 - 5a + 2a^2 - 3a$ [          ]

(6) $2x^2 - x^2y + xy - 3x^2y - x^2$ [          ]

[3] 同類項とは，文字の部分が同じである項。同類項は，1つの項にまとめることができる。(5)では，$a^2$ と $a$ は同類項ではないので，注意する。

---

4 次の計算をしなさい。（5点×4）

(1) $(2x + 3y) + (4x - 2y)$ [          ]

(2) $(3a^2 - 5b) + (a^2 - 2b)$ [          ]

(3) $(3a + 7b) - (5a - 3b)$ [          ]

(4) $(8x^2 - 3x) - (5x + 2x^2)$ [          ]

[4] 多項式の減法では，ひくほうの多項式の各項の符号を変えてたすことに注意する。

---

5 次の計算をしなさい。（5点×6）

(1) $2(3x + 4y)$ [          ]

(2) $(5a + 8) \times (-3)$ [          ]

(3) $4\left( \dfrac{3}{2}x + \dfrac{5}{8} \right)$ [          ]

(4) $-\dfrac{1}{6}(12a - 24b + 6)$ [          ]

(5) $(16x - 12y) \div 4$ [          ]

(6) $(4a + 12ab - 8b) \div (-4)$ [          ]

[5] 多項式と数の乗法では，分配法則
$$m(a + b) = ma + mb$$
を使って計算する。
多項式と数の除法では，乗法の形になおして計算する。
🔑 カギ　かっこの中の，うしろの項にかけたり，うしろの項をわったりするのを忘れないようにする。

# 得点アップ問題

テスト 3日前 から確認!

得点 ／100点

---

**1** 次のア～オの式について，あとの問いに答えなさい。((1)3点，(2)4点)

> ア $2x + 4$ 　　イ $-a^3$ 　　ウ $x^2 - 4x + 4$ 　　エ $-3ab$ 　　オ $\dfrac{2}{5}x - y$

(1) 単項式であるものを選び，記号ですべて答えなさい。

(2) 多項式であるものを選び記号で答え，その項をすべて答えなさい。

| (1) | | (2) | |
|---|---|---|---|

---

**2** 次のア～ケの式について，それぞれ何次式か答えなさい。(3点×9)

> ア $3x$ 　　　　　イ $-2x + 4$ 　　　　ウ $-5x^2$
> エ $-3ab$ 　　　オ $3x + y + 3$ 　　カ $2x^2 + 3y$
> キ $x^2 + x + 1$ 　ク $2x^2 + 3xyz - xy + z$ 　ケ $2a^3b^2 - 5ab^3 + 2$

| ア | 次式 | イ | 次式 | ウ | 次式 |
|---|---|---|---|---|---|
| エ | 次式 | オ | 次式 | カ | 次式 |
| キ | 次式 | ク | 次式 | ケ | 次式 |

---

**3** 次の計算をしなさい。(3点×4)

(1) $4x - (-2x)$

(2) $3x - 2y + y - 3$

(3) $4a - 2b - a + b$

難 (4) $2a^2b^2 + 3ab^2 - 5a^2b - 4ab^2 + 6a^2b - 2a^2b^2$

| (1) | | (2) | | (3) | | (4) | |
|---|---|---|---|---|---|---|---|

**4** 次の計算をしなさい。（3点×10）

(1) $(2x - 5y) + (3x - y)$

(2) $(x^2 + 3x - 4) + (5x^2 - 7)$

(3) $(5m - 3n) - (-2n - 7m)$

(4) $(3a^2 - a) - (2a^2 - 4a + 2)$

(5)
$$\begin{array}{r} 3x - 5y + 3 \\ +)\ 2x + 3y + 11 \\ \hline \end{array}$$

(6)
$$\begin{array}{r} -\ x^2 + 2x - 6 \\ -)\ 4x^2 - 3x - 11 \\ \hline \end{array}$$

(7) $4(3x^2 + 4x + 5)$

(8) $\left(\dfrac{5}{8}x + \dfrac{3}{4}y\right) \times 16$

(9) $(36a^2 + 12b - 72) \div 6$

(10) $(9a - 6b) \div \dfrac{3}{4}$

| (1) | | (2) | | (3) | | (4) | |
|-----|--|-----|--|-----|--|-----|--|
| (5) | | (6) | | (7) | | (8) | |
| (9) | | (10) | | | | | |

**5** 次の2つの式をたしなさい。また，左の式から右の式をひきなさい。（4点×4）

(1) $4a + 6b, \quad a - 10b$

(2) $2x - 7y, \quad -3x + y$

| (1) | 和 | | 差 | | (2) | 和 | | 差 | |
|-----|----|--|----|--|-----|----|--|----|--|

**難** **6** 次の問いに答えなさい。（4点×2）

(1) $-5x + 2y$ にどんな式をたすと，$-2x + y - 5$ になるか求めなさい。

(2) $2a + 3b + 4$ からどんな式をひくと，$3a - 2b + ab + 4$ になるか求めなさい。

| (1) | | (2) | |
|-----|--|-----|--|

# ② 式の計算②・文字式の利用

## STEP 1 要点チェック

### 1 いろいろな計算　ポイント

① かっこがある式の計算は，かっこをはずしてから計算する。

例　$2(4x-2y)-3(x+3y) = \boxed{8x}\,\boxed{-4y}\,\boxed{-3x}\,\boxed{-9y} = \boxed{8x}\,\boxed{-3x}\,\boxed{-4y}\,\boxed{-9y} = \boxed{5x}\,\boxed{-13y}$

② 分数をふくむ式の計算は，通分してから計算するか，(分数)×(多項式)になおしてから計算する。

### 2 単項式の乗法と除法

① 単項式どうしの乗法は，係数の積に文字の積をかける。　ポイント

例　$2x \times 5y = \underline{2 \times x \times 5 \times y} = \underline{2 \times 5 \times x \times y} = 10xy$

② 単項式どうしの除法は，文字をふくむ分数の形にして，数のときと同じように約分する。

例　$10x \div 2x = \dfrac{10x}{2x} = \dfrac{\overset{5}{\cancel{10}} \times \overset{1}{\cancel{x}}}{\underset{1}{\cancel{2}} \times \underset{1}{\cancel{x}}} = 5$

### 3 式の値

① 同じ文字がある式の値を求めるときは，式を簡単にしてから数を代入する。　ポイント

例　$x = -7$，$y = 4$のとき，$3(2x+4y)-4(x+2y)$の値を求める。

$3(2x+4y)-4(x+2y) = 6x+12y-4x-8y = 2x+4y$　　$\boxed{\text{式を簡単にする。}}$

この式に，$x = -7$，$y = 4$を代入して，$2x+4y = 2 \times (-7) + 4 \times 4 = -14 + 16 = 2$

### 4 式による説明，文字を使った整数の表し方

① $n$を整数とするとき，

偶数：2の倍数だから，$2n$　　　　奇数：偶数より1大きいから，$2n+1$

連続する3つの整数：いちばん小さい整数を$n$とすると，$n$，$n+1$，$n+2$

中央の整数を$n$とすると，$n-1$，$n$，$n+1$

② 百の位の数字が$a$，十の位の数字が$b$，一の位の数字が$c$の3けたの自然数は，$100a+10b+c$

### 5 等式の変形

① 等式の変形：等式関係の成り立っている式を，等式の性質を利用して変形する。

> おぼえる！
>
> 等式の性質
> $X = Y$ならば，　　●$X+a=Y+a$　　　●$X-a=Y-a$　　　●$Xa = Ya$　　　●$\dfrac{X}{a} = \dfrac{Y}{a}$ $(a \neq 0)$

② はじめの等式を変形し，$x$を求める式を導くことを，はじめの等式を$x$について解くという。

---

### テストの 要点 を書いて確認

別冊解答 P.3

① 次の計算をしなさい。

(1) $5ab \times 3a^2$ 〔　　　　　　　　　〕　　(2) $18x^2y^2 \div 6y$ 〔　　　　　　　　　〕

② $a = -4$，$b = 3$のとき，$3(a+2b)-2(a+b)$の値を求めなさい。〔　　　　　　　　　〕

# 基本問題

別冊解答 P.3

得点 ／100点

---

1 次の計算をしなさい。（9点×4）

(1) $-2(x+10y)-4(-2x-5y)$ [　　　　　]

(2) $\dfrac{1}{2}(4x-6y)+\dfrac{1}{3}(3x+9y)$ [　　　　　]

(3) $\dfrac{3a-5b}{4}+\dfrac{2a+3b}{3}$ [　　　　　]

(4) $\dfrac{5x-3y}{2}-\dfrac{4x-3y}{4}$ [　　　　　]

1
(1)(2) 分配法則を使って
かっこをはずす。
(3)(4) 通分して計算する。

2 次の計算をしなさい。（9点×3）

(1) $2xy\times(-5x)$ [　　　　　]

(2) $12y^2\div(-3y)$ [　　　　　]

(3) $8xy^2\div\dfrac{y}{4}$ [　　　　　]

2
(3) 逆数のかけ算になおし
て計算する。

3 $x=3$，$y=-2$ のとき，$3(x-2y)-4(2x-y)$ の値を求めなさい。
（9点）

[　　　　　]

3
かっこをはずして式を簡単
にしてから，それぞれの数
を代入する。

4 3，5，7の和は15で，3 の倍数になる。このように，3 つの続いた奇数
の和は 3 の倍数になることを説明しなさい。（10点）

[

4
$n$ を整数とすると，3 つの
連続する奇数は，
　$2n+1$，$2n+3$，
　$2n+5$
と表すことができる。また，
3 つの連続する偶数は，
　$2n$, $2n+2$, $2n+4$
と表すことができる。

5 次の等式を〔　〕内の文字について解きなさい。（9点×2）

(1) $a=b+c$ 〔 $b$ 〕 [　　　　　]

(2) $m=\dfrac{a+b}{2}$ 〔 $b$ 〕 [　　　　　]

5
等式の性質を利用して，式
を $b=\sim$ の形に変形する。

# STEP 3 得点アップ問題

得点 ／100点

**1** 次の計算をしなさい。(5点×4)

(1) $3(2x - 5y) - 4(2y - 5x)$

(2) $0.3(a + b) + \dfrac{2}{5}(3a + b)$

(3) $\dfrac{3x - 5y}{3} - \dfrac{2x - y}{5}$

(4) $\dfrac{1}{2}(a + b) - \left(\dfrac{1}{3}a - b\right)$

| (1) | | (2) | | (3) | | (4) | |
|---|---|---|---|---|---|---|---|

**2** 次の計算をしなさい。(5点×4)

(1) $8x^2y^2 \div 4x \times 2y$

(2) $24x^2y \div (-3xy) \div 6y$

(3) $64x^2y^3 \div (-16x^2y) \times (-3xy)$

(4) $-8xy \times (-2x) \div (-2y)$

| (1) | | (2) | | (3) | | (4) | |
|---|---|---|---|---|---|---|---|

**3** $x = -\dfrac{1}{3}$, $y = -3$ のとき，次の式の値を求めなさい。(5点×2)

(1) $12xy^2 \times (-3xy) \div 4xy$

(2) $x - \dfrac{3x + y}{6}$

| (1) | | (2) | |
|---|---|---|---|

**4** 連続する 4 つの奇数の和は 8 の倍数になることを説明しなさい。(9点)

**5** 右のようなカレンダーがある。このカレンダーの中から

$\boxed{\begin{array}{c}11\\17\;18\;19\\25\end{array}}$ のように，5つの数を囲む。どの5つの数を囲んでも，下

の(例)のように，まん中の数をふくむ縦3つの数の和と，横3つの数の和が等しくなることを説明しなさい。

（例）　上の5つの数の場合

　　　〈縦3つの数の和〉11＋18＋25＝54

　　　〈横3つの数の和〉17＋18＋19＝54　（10点）

| カレンダー |
|---|
| 日 月 火 水 木 金 土 |
| 1　2　3　4　5　6　7 |
| 8　9　10　11　12　13　14 |
| 15　16　17　18　19　20　21 |
| 22　23　24　25　26　27　28 |
| 29　30　31 |

**6** 次の等式を〔　〕内の文字について解きなさい。（5点×3）

(1) $V = \dfrac{1}{6}abh$ 〔$h$〕　　(2) $y = \dfrac{5x+2}{3}$ 〔$x$〕　　(3) $c = 3(a+b)+2(2a+b)$ 〔$b$〕

| (1) | | (2) | | (3) | |
|---|---|---|---|---|---|

**7** 次の(　)内を求める式をつくり，$a$ について解きなさい。ただし，円周率を$\pi$とする。

（8点×2）

(1)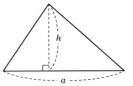

$\left(\begin{array}{l}\text{底辺が}a，\text{高さが}h\text{で}\\\text{ある三角形の面積}S\end{array}\right)$

**難** (2)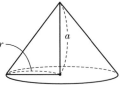

$\left(\begin{array}{l}\text{底面の半径が}r，\text{高さが}\\a\text{である円錐の体積}V\end{array}\right)$

| (1) | $S=$ | $a=$ | (2) | $V=$ | $a=$ |
|---|---|---|---|---|---|

## 定期テスト予想問題

別冊解答 P.5

目標時間 **40**分

得点 ／100点

---

**1** 次のア～オの式について，あとの問いに答えなさい。((1)3点×5 (2)5点)

> ア $2+x$  イ $a^3+2abc-bc$  ウ $-x$  エ $\dfrac{3x-xy+y}{4}$  オ $3ab$

(1) それぞれの式が，単項式か多項式かを書きなさい。

(2) (1)で多項式と答えた式について，それぞれの式の次数を答えなさい。

| (1) | ア | イ | ウ | エ | オ |
|-----|---|---|---|---|---|
| (2) | | | | | |

---

**2** 次の計算をしなさい。(5点×8)

(1) $3a-4b+2a-5b$

 (2) $a^2+3a-2a^2+a$

(3) $-16ab \div (-8b)$

 (4) $15a^2b \div 5ab$ （神奈川県）

(5) $6\left(\dfrac{a}{3}-\dfrac{5}{6}b\right)$

 (6) $3(3a-b)-2(a-3b)$

(7) $\dfrac{a-3b}{5}-\dfrac{a-b}{10}$

 (8) $(-3x)^2 \times y \div 3xy$ （愛知県）

| (1) | | (2) | | (3) | | (4) | |
|-----|---|-----|---|-----|---|-----|---|
| (5) | | (6) | | (7) | | (8) | |

---

**3** $x=-\dfrac{1}{2}$, $y=4$ のとき，$3xy^2 \times (-2y) \div 8x^2y$ の値を求めなさい。(5点)

**4** A＝$3x+2y+5$，B＝$-x+3y-4$のとき，$2A-3B-A+5B$を計算しなさい。（5点）

 **5** 次の問いに答えなさい。（長崎県）（5点×2）

(1) 3けたの自然数723は，$100×7+10×2+1×3$と表せる。このように，百の位が$a$，十の位が$b$，一の位が$c$である3けたの自然数を，$a$，$b$，$c$を用いて表しなさい。

(2) 百の位の数が一の位の数より大きい3けたの自然数432から，その数の百の位の数字と一の位の数字を入れかえてできる数234をひくと，その差は198となり99の倍数になる。このように，「百の位の数が一の位の数より大きい3けたの自然数から，その数の百の位の数字と一の位の数字を入れかえてできる数をひくと，その差は99の倍数になる」ことを文字を使って説明しなさい。ただし，説明は「もとの3けたの自然数の百の位を$a$，十の位を$b$，一の位を$c$とおき，$a$は$c$より大きいものとする。」に続けて完成しなさい。

| (1) | |
|---|---|
| (2) | もとの3けたの自然数の百の位を$a$，十の位を$b$，一の位を$c$とおき，$a$は$c$より大きいものとする。 |

**6** 次の等式を〔　〕内の文字について解きなさい。（5点×4）

 (1) $3a-2b=6$〔$b$〕（岩手県）　　　　(2) $S=\dfrac{1}{2}(a+b)h$〔$a$〕

(3) $\dfrac{a-b}{2}=\dfrac{3a-c}{4}$〔$a$〕　　(4) $m=\dfrac{4a+3b}{7}$〔$a$〕（秋田県）

| (1) | | (2) | | (3) | | (4) | |
|---|---|---|---|---|---|---|---|

# 1 連立方程式の解き方

## STEP 1 要点チェック

テスト
1週間前
から確認!

### 1 連立方程式とその解

① **2元1次方程式**：**2つの文字をふくむ1次方程式。** 例 $x+y=5$ など

② **2元1次方程式の解**：**2元1次方程式を成り立たせる文字の値の組。**

　例 $x+y=5$ の解は，$x=1$ と $y=4$，$x=-2$ と $y=7$ など，いくつもある。

③ **連立方程式**：2つ以上の方程式を組み合わせたもの。 例 $\begin{cases} x+y=8 & \cdots ⑦ \\ x-2y=-1 & \cdots ① \end{cases}$

④ **連立方程式の解**：組み合わせたどの方程式にもあてはまる**文字の値の組。**

⑤ 連立方程式の解を求めることを，連立方程式を**解く**という。

### 2 連立方程式の解き方

① **加減法**：どちらかの文字の**係数の絶対値をそろえ**，左辺どうし，右辺どうしをそれぞれたす
　　　　　かひくかして，その文字を**消去**して解く方法。

（i）係数の絶対値が等しいとき：同符号⇒**両辺をひく。** 異符号⇒**両辺をたす。** ◀ポイント

　例 $\begin{cases} 2x+y=7 & \cdots ⑦ \\ 2x-3y=3 & \cdots ① \end{cases}$

　　　⑦　　$2x+y=7$
　　　①　$-)\ 2x-3y=3$
　　$x$を消去　　$4y=4$　$y=1$

　$y=1$を⑦に代入すると，
　$2x+1=7$
　$x=3$

（ii）係数の絶対値が等しくないとき：**式を何倍かして，係数の絶対値をそろえる。** ◀ポイント

　例 $\begin{cases} 4x-5y=-2 & \cdots ⑦ \\ 3x-2y=-5 & \cdots ① \end{cases}$

　⑦×3　　$12x-15y=-6$
　①×4　$-)\ 12x-\ 8y=-20$
　$x$を消去　$-7y=14$　$y=-2$

ミス注意 右辺も3倍，4倍することを忘れない。

　$y=-2$を①に代入すると，
　$3x-2\times(-2)=-5$
　$3x=-9$
　$x=-3$

② **代入法**：**一方の式を他方の式に代入して文字を消去して解く方法。**

　　　　　「$x=\sim$」や「$y=\sim$」の形の式があるときは代入法を使うとよい。 ◀ポイント

　例 $\begin{cases} 2x+y=15 & \cdots ⑦ \\ y=3x & \cdots ① \end{cases}$

　①を⑦に代入すると，$2x+3x=15$，$5x=15$，$x=3$
　$x=3$を①に代入すると，$y=3\times3=9$

---

### テストの 要点 を書いて確認

別冊解答 P.7

① 次の連立方程式を解きなさい。

(1) $\begin{cases} 2x+y=8 \\ 3x+2y=11 \end{cases}$

　　　　　〔　　　　　　　　〕

(2) $\begin{cases} y=5x+2 \\ 7x-y=-6 \end{cases}$

　　　　　〔　　　　　　　　〕

STEP
2
基本問題

テスト
5日前
から確認!

別冊解答 P.7

得点

／100点

第2章
1
連立方程式の解き方

**1** 連立方程式 $\begin{cases} 2x + 5y = 2 \\ x - 3y = -10 \end{cases}$ の解を，次のア～エの中から1つ選び，記号で答えなさい。（4点）

ア $x = -8,\ y = 4$　　　　イ $x = 1,\ y = 3$
ウ $x = -4,\ y = 2$　　　　エ $x = 6,\ y = -2$

$\big[\qquad\qquad\big]$

①
組み合わせたどの方程式も成り立たせるような文字の値の組を，連立方程式の解という。

**2** 次の連立方程式を，加減法で解きなさい。（12点×4）

(1) $\begin{cases} x - y = 1 \\ x + y = 5 \end{cases}$

$\big[\qquad\qquad\big]$

(2) $\begin{cases} 2x - 3y = 11 \\ x - 2y = 7 \end{cases}$

$\big[\qquad\qquad\big]$

(3) $\begin{cases} 5x + y = -7 \\ 2x + 3y = 5 \end{cases}$

$\big[\qquad\qquad\big]$

(4) $\begin{cases} -3x + 2y = 2 \\ 4x - 3y = -4 \end{cases}$

$\big[\qquad\qquad\big]$

②
どちらかの文字の係数の絶対値をそろえ，左辺どうし，右辺どうしをたすかひくかして，1つの文字を消去する。

**3** 次の連立方程式を，代入法で解きなさい。（12点×4）

(1) $\begin{cases} x - y = -1 \\ y = 2x \end{cases}$

$\big[\qquad\qquad\big]$

(2) $\begin{cases} x = y + 5 \\ x + 3y = 9 \end{cases}$

$\big[\qquad\qquad\big]$

(3) $\begin{cases} x - 2y = -6 \\ y = -x + 9 \end{cases}$

$\big[\qquad\qquad\big]$

(4) $\begin{cases} 2x + 7y = 12 \\ 2x = y - 4 \end{cases}$

$\big[\qquad\qquad\big]$

③
一方の式を他方の式に代入して，1つの文字を消去する。
🔑カギ　(3) $y$に$-x + 9$を代入するときは，かっこをつけて代入する。

**1** 次のア〜エの連立方程式の中で，$x = 3$, $y = -2$ を解にもつものをすべて選び，記号で答えなさい。(4点)

ア $\begin{cases} x + y = 1 \\ x - 2y = 10 \end{cases}$  イ $\begin{cases} 2x - 3y = 12 \\ 3x + y = 7 \end{cases}$

ウ $\begin{cases} 3x + 2y = 5 \\ 2x - y = 2 \end{cases}$  エ $\begin{cases} x - y = 5 \\ x + y = 1 \end{cases}$

**2** 次の連立方程式を解きなさい。(8点×4)

(1) $\begin{cases} 2x + y = 7 \\ x - y = 2 \end{cases}$  (2) $\begin{cases} 3x - 2y = 16 \\ x + 3y = -2 \end{cases}$

(3) $\begin{cases} 3x + 4y = 10 \\ x = -3y \end{cases}$  (4) $\begin{cases} 4x - y = -1 \\ y = -x + 6 \end{cases}$

| (1) | | (2) | |
|---|---|---|---|
| (3) | | (4) | |

**3** 次の連立方程式を解きなさい。(8点×8)

(1) $\begin{cases} x + y = 7 \\ 2x - 3y = -1 \end{cases}$

(2) $\begin{cases} 4x - y = -14 \\ x + 2y = 10 \end{cases}$

(3) $\begin{cases} x - 5y = -1 \\ y = 2x - 7 \end{cases}$

(4) $\begin{cases} y = x + 4 \\ y = 3x - 2 \end{cases}$

よく
でる (5) $\begin{cases} 2x - 3y = -7 \\ 3x - 5y = -11 \end{cases}$

(6) $\begin{cases} 3x + 4y = -1 \\ -4x + 3y = 18 \end{cases}$

(7) $\begin{cases} 3x - 4y = -5 \\ 2y = 5x - 1 \end{cases}$

(8) $\begin{cases} 4x - y = 7 \\ 5x = 3y \end{cases}$

| (1) | | (2) | |
|-----|---|-----|---|
| (3) | | (4) | |
| (5) | | (6) | |
| (7) | | (8) | |

# 2 いろいろな連立方程式

## STEP 1 要点チェック

テスト
1週間前
から確認!

### 1 いろいろな連立方程式

① かっこをふくむ連立方程式：**かっこをはずし，整理してから解く。** ポイント

例 $\begin{cases} 8x - 3(x - 3y) = 6 \\ 2x + 3y = 3 \end{cases}$ → 上の式を整理する → $\begin{cases} 5x + 9y = 6 \\ 2x + 3y = 3 \end{cases}$

② 係数に分数をふくむ連立方程式：**両辺に分母の最小公倍数をかけて，係数を整数にする。** ポイント

例 $\begin{cases} \dfrac{1}{5}x - \dfrac{1}{4}y = 3 \cdots ⑦ \\ x + 2y = -11 \cdots ① \end{cases}$ を解く。 5 と 4 の最小公倍数は20

⑦の両辺に 20 をかけて分母をはらうと，

$$\left(\dfrac{1}{5}x - \dfrac{1}{4}y\right) \times 20 = 3 \times 20$$

ミス注意 右辺にも忘れず20をかける。

$$4x - 5y = 60$$

$\Rightarrow \begin{cases} 4x - 5y = 60 \\ x + 2y = -11 \end{cases}$ を解くと，$x = 5$，$y = -8$

③ 係数に小数をふくむ連立方程式：**両辺に10，100 などをかけて，係数を整数にする。** ポイント

例 $\begin{cases} 0.7x + 0.6y = 1.2 \\ 3x - 4y = 38 \end{cases}$ → 上の式の両辺に 10 をかける → $\begin{cases} 7x + 6y = 12 \\ 3x - 4y = 38 \end{cases}$

④ A＝B＝Cの形の連立方程式：$\begin{cases} \mathbf{A = B} \\ \mathbf{A = C} \end{cases}$ $\begin{cases} \mathbf{A = B} \\ \mathbf{B = C} \end{cases}$ $\begin{cases} \mathbf{A = C} \\ \mathbf{B = C} \end{cases}$ のいずれかの組み合わせをつくって解く。 ポイント

例 $4x - 3y = 2x - y + 2 = 10$ を解く。

$\begin{cases} \mathbf{A = C} \\ \mathbf{B = C} \end{cases}$ の形をつくると，$\begin{cases} 4x - 3y = 10 \cdots ⑦ \\ 2x - y + 2 = 10 \cdots ① \end{cases}$ となる。

①を整理すると，$2x - y = 8 \cdots ①'$

$$\begin{array}{r} ①' \times 2 \quad 4x - 2y = 16 \\ ⑦ \quad -)\,4x - 3y = 10 \\ \hline y = 6 \end{array}$$

$y = 6$ を①′に代入すると，

$$2x - 6 = 8$$
$$2x = 14$$
$$x = 7$$

---

### テストの 要点 を書いて確認

別冊解答 P.8

① 次の連立方程式を解きなさい。

(1) $\begin{cases} 2x - 3(x + y) = -1 \\ 4x - y = -9 \end{cases}$ 〔 　　　 〕

(2) $\begin{cases} \dfrac{1}{2}x + \dfrac{1}{5}y = 1 \\ 7x + 4y = 2 \end{cases}$ 〔 　　　 〕

② 連立方程式 $3x - 5y = -x + 7y = 8$ を解きなさい。 〔 　　　 〕

## STEP 2 基本問題

別冊解答 P.8

テスト **5日前** から確認!

得点

／100点

---

$\boxed{1}$ 次の連立方程式を解きなさい。(10点×8)

(1) $\begin{cases} 2x - y = 1 \\ 3(2x - y) + y = 6 \end{cases}$
　　　　　　　[　　　　　　]

(2) $\begin{cases} 5x - 3(x + 2y) = -28 \\ 2x + 5y = 16 \end{cases}$
　　　　　　　[　　　　　　]

(3) $\begin{cases} 0.6x - 0.1y = 0.3 \\ 3x - 2y = 15 \end{cases}$
　　　　　　　[　　　　　　]

(4) $\begin{cases} x = 3y - 8 \\ 0.5x - 0.3y = 2 \end{cases}$
　　　　　　　[　　　　　　]

(5) $\begin{cases} 0.3x + 0.4y = -1.1 \\ 5x - 6y = -31 \end{cases}$
　　　　　　　[　　　　　　]

(6) $\begin{cases} \dfrac{1}{3}x + \dfrac{1}{2}y = 1 \\ 4x + 3y = 18 \end{cases}$
　　　　　　　[　　　　　　]

(7) $\begin{cases} x - \dfrac{2}{3}y = 2 \\ 2y = -x + 10 \end{cases}$
　　　　　　　[　　　　　　]

(8) $\begin{cases} 3x - 4y = 49 \\ -\dfrac{2}{3}x + \dfrac{1}{5}y = -4 \end{cases}$
　　　　　　　[　　　　　　]

$\boxed{2}$ 次の連立方程式を解きなさい。(10点×2)

(1) $x + 3y = 2x + 5y = -1$
　　　　　　　[　　　　　　]

(2) $x + y + 11 = 3x - 2y - 2 = 7x - 4y$
　　　　　　　[　　　　　　]

---

$\boxed{1}$

(1)(2) かっこをはずして整理する。

(3)～(5) 小数をふくむ式の両辺を **10** 倍する。

(6)～(8) 分数をふくむ式の分母の最小公倍数を両辺にかけて分母をはらう。

🔑 カギ　右辺にもかけるのを忘れないようにする。

$\boxed{2}$

$\begin{cases} A = B \\ A = C \end{cases}$ $\begin{cases} A = B \\ B = C \end{cases}$

$\begin{cases} A = C \\ B = C \end{cases}$ のいずれかの

組み合わせをつくって解く。

# 得点アップ問題

**1** 次の連立方程式を解きなさい。（7点×4）

(1) $\begin{cases} x + 2(2x + y) = 3 \\ x + 2y = -1 \end{cases}$

(2) $\begin{cases} 0.2x + 0.3y = 0.1 \\ 4x - 7y = 15 \end{cases}$

(3) $\begin{cases} x + y = -6 \\ \dfrac{1}{4}x + \dfrac{1}{8}y = -1 \end{cases}$

(4) $\begin{cases} \dfrac{1}{3}x - \dfrac{1}{4}y = 3 \\ 2x + 3y = 0 \end{cases}$

| (1) | | (2) | |
|---|---|---|---|
| (3) | | (4) | |

**2** 次の連立方程式を解きなさい。（7点×2）

(1) $2x + 3y = x - 2y = 14$

(2) $x + y = 3x - y + 8 = -2x + 5y - 19$

| (1) | | (2) | |
|---|---|---|---|

**3** 次の連立方程式を解きなさい。（7点×6）

(1) $\begin{cases} 2x + 5y = 11 \\ 3(x - 2y) - y = -27 \end{cases}$

(2) $\begin{cases} \dfrac{2}{3}x - \dfrac{1}{2}y = 1 \\ 8x - 5y = 14 \end{cases}$

(3) $\begin{cases} 0.5x - 0.3y = 2 \\ x = 2y - 3 \end{cases}$

(4) $\begin{cases} 12x + 27y = -66 \\ -0.8x + 0.9y = -1 \end{cases}$

(5) $\begin{cases} \dfrac{4}{3}x + y = 8 \\ 0.1x + 0.9 = 0.3y \end{cases}$

(6) $\begin{cases} \dfrac{x}{2} + \dfrac{y}{3} = 1 \\ \dfrac{3}{8}x - \dfrac{2}{9}y = 5 \end{cases}$

| (1) | | (2) | |
|---|---|---|---|
| (3) | | (4) | |
| (5) | | (6) | |

**4** 次の問いに答えなさい。（8点×2）

(1) 連立方程式 $\begin{cases} ax + by = 3 \\ bx - ay = -11 \end{cases}$ の解が，$x = -1$，$y = 3$ であるとき，$a$，$b$ の値を求めなさい。

(2) 連立方程式 $\begin{cases} ax - y = -14 \\ 5x - 2y = 8 \end{cases}$ の解の比が，$x : y = 2 : 3$ であるとき，$a$ の値を求めなさい。

| (1) | | (2) | |
|---|---|---|---|

# 3 連立方程式の利用①

## STEP 1 要点チェック

テスト 1週間前 から確認!

### 1 連立方程式の利用①

① 連立方程式を使って問題を解く手順

**ポイント**

> 1 問題にふくまれている数量のうち，どの数量を $x$，$y$ で表すか決める。
> 2 数量の間の関係を $x$，$y$ を使って連立方程式に表す。
> 3 連立方程式を解く。
> 4 解が問題に適しているかどうか確かめる。

② 代金・個数の問題：値段や個数を $x$，$y$ とおき，代金・個数の関係から方程式をつくる。

例 鉛筆3本とノート2冊の代金は460円⑦，鉛筆5本とノート3冊の代金は720円④であるとき，鉛筆1本の値段とノート1冊の値段を求める。

鉛筆1本の値段を $x$ 円，ノート1冊の値段を $y$ 円とする。

⑦より，$3x+2y=460$ 　④より，$5x+3y=720$ 　この2つの式を連立方程式として解く

③ 整数の問題

(i) 2つの整数を求める問題：**大きいほうの数を $x$，小さいほうの数を $y$ とする。**（逆でもよい。）

例 大，小2つの整数があり，2つの数の差は22で，大きいほうの数は小さいほうの数の3倍よりも2小さいとき，2つの数を求める。 $x-y=22$ 　$x=3y-2$

この2つの式を連立方程式として解く

(ii) 2けたの数を求める問題：**十の位の数を $x$，一の位の数を $y$** **ポイント**

とすると，2けたの数は，$10x+y$

十の位の数と一の位の数を入れかえた数は，$10y+x$ と表される。

④ 速さの問題：道のり・速さ・時間の関係から方程式をつくる。

例 家から1500mはなれた学校まで行くのに，はじめは毎分60mの速さで歩き，途中から毎分150mの速さで走ると，13分かかるとき，歩いた道のりと走った道のりを求める。

**歩いた道のりを $x$ m，走った道のりを $y$ m とする。**

| | 歩いたとき | 走ったとき | 全体 |
|---|---|---|---|
| 道のり(m) | $x$ | $y$ | 1500 |
| 速さ(m/分) | 60 | 150 | |
| 時間(分) | $\dfrac{x}{60}$ | $\dfrac{y}{150}$ | 13 |

→道のりの関係より，$x+y=1500$

→時間の関係より，$\dfrac{x}{60}+\dfrac{y}{150}=13$

この2つの式を連立方程式として解く

**おぼえる！**
(時間)＝ $\dfrac{(道のり)}{(速さ)}$

### テストの 要点 を書いて確認

別冊解答 P.11

① りんご1個とみかん2個の代金は260円，りんご3個とみかん4個の代金は620円である。りんご1個，みかん1個の値段をそれぞれ求めなさい。

〔りんご　　　　円，みかん　　　　円〕

STEP
2
基本問題

テスト
5日前
から確認！

別冊解答 P.11

得点

／100点

第2章
3
連立方程式の利用①

1 ある動物園の入園料は，おとな 2 人と子ども 5 人では1900円，おとな 1 人と子ども 3 人では 1050 円である。次の問いに答えなさい。

(16点×2)

(1) おとな 1 人の入園料を $x$ 円，子ども 1 人の入園料を $y$ 円として，$x$ と $y$ についての連立方程式をつくりなさい。

[                    ]

(2) (1)を解いて，おとな 1 人，子ども 1 人の入園料を，それぞれ求めなさい。

[ おとな          円 ]
[ 子ども          円 ]

1 数量の間の関係を $x$, $y$ を使って連立方程式に表す。入園料の関係について，方程式を 2 つつくる。

2 大小 2 つの整数がある。小さいほうの数の 3 倍に大きいほうの数を加えると 48 になり，大きいほうの数の 4 倍から小さいほうの数の 5 倍をひくと 5 になる。次の問いに答えなさい。(16点×2)

(1) 大きいほうの整数を$x$，小さいほうの整数を$y$として，$x$と$y$についての連立方程式をつくりなさい。

[                    ]

(2) (1)を解いて，この 2 つの整数を求めなさい。

[                    ]

2 2 つの数の間の関係を $x, y$ を使って連立方程式に表す。

3 A駅から 5 kmはなれた太郎さんの家まで行くのに，駅前から時速 40 kmの速さのバスに乗って最寄りのバス停まで行き，そこからは時速 4 kmの速さで歩いたら，合計で21分かかった。A駅からバス停までの道のりを $x$ km，バス停から太郎さんの家までの道のりを $y$ kmとして，次の問いに答えなさい。(12点×3)

(1) 道のりの関係を，$x$ と $y$ を使った式で表しなさい。

[                    ]

(2) かかった時間の関係を，$x$ と $y$ を使った式で表しなさい。

[                    ]

(3) (1)，(2)の式を連立方程式として解いて，A駅からバス停までの道のりと，バス停から太郎さんの家までの道のりを求めなさい。

[ A駅からバス停          km ]
[ バス停から家          km ]

3 カギ 道のりの関係と，かかった時間の関係を，$x$, $y$ を使った式で表し，連立方程式として解く。

(2) (時間)＝$\dfrac{(道のり)}{(速さ)}$

より，かかった時間を$x, y$の式で表す。時間の単位をそろえることに注意する。

**1** 鉛筆 5 本と消しゴム 3 個を買い，合計で 760 円払った。消しゴム 1 個の値段は，鉛筆 1 本の値段よりも 40 円高い。次の問いに答えなさい。(8点×2)

(1) 鉛筆 1 本の値段を $x$ 円，消しゴム 1 個の値段を $y$ 円として，連立方程式をつくりなさい。

(2) (1)を解いて，鉛筆 1 本の値段と消しゴム 1 個の値段を求めなさい。

| (1) | | (2) | 鉛筆 |
|---|---|---|---|
| | | | 消しゴム |

**2** 2 けたの自然数がある。この数の十の位の数の 3 倍から一の位の数の 5 倍をひくと，差は 1 である。また，十の位の数と一の位の数を入れかえてできる数は，もとの数より 27 小さくなる。もとの自然数を求めなさい。(13点)

**3** 水そうA，Bに合わせて 88Lの水が入っている。Aから水を 8 LとってBに入れると，Bの水の量はAの水の量の 3 倍になった。はじめに水そうA，Bにはそれぞれ何Lの水が入っていたか求めなさい。(13点)

| A | B |
|---|---|
| | |

**4** A町とB町を結ぶ一本道の途中には峠がある。A町を出発して，B町までの道を往復するのに，行きも帰りも上りは時速 **2 km**，下りは時速 **4 km** で歩いたら，行きは **1 時間 15 分**，帰りは **1 時間**かかった。次の問いに答えなさい。(8点×2)

(1) A町から峠までの道のりを $x$ km，峠からB町までの道のりを $y$ km として，連立方程式をつくりなさい。

(2) (1)を解いて，A町からB町までの道のりを求めなさい。

| (1) | | (2) | |
|---|---|---|---|
| | | | |

**5** 周囲が **2800m** の池がある。太郎さんと花子さんが，この池の周囲を同じ地点から同時に出発して反対の方向にまわると，**14 分後**に 2 人は出会った。次に，この池の周囲を同じ地点から同時に出発して同じ方向にまわると，**35 分後**に太郎さんは花子さんに追いついた。太郎さんと花子さんの進む速さはそれぞれ毎分何 **m** か求めなさい。ただし，2 人のそれぞれの速さは，どの方向に進んでも一定であるとする。(14点)

| 太郎 | 花子 |
|---|---|
| | |

**難** **6** 大小2つの整数がある。大きいほうの数は小さいほうの数の3倍よりも5大きい。また，大きいほうの数の2倍を小さいほうの数でわると商は9で，余りは1になる。この2つの整数を求めなさい。(14点)

| |
|---|
| |

**難** **7** ある列車が，1200mの鉄橋を渡りはじめてから渡り終わるまでに 54 秒かかった。また，この列車が，850 mのトンネルに入りはじめてから出てしまうまでに 40 秒かかった。列車の長さが何 **m** かと列車の速さが毎秒何 **m** かを求めなさい。ただし，列車は一定の速さで走っているものとする。(14点)

| 長さ | 速さ |
|---|---|
| | |

# 4 連立方程式の利用②

## STEP 1 要点チェック

テスト1週間前から確認!

### 1 連立方程式の利用②

**① 割合の問題**

(ⅰ) **人数の割合**：もとの人数や，割合で表した人数の関係などから式をつくる。

例 男女合わせて 300人㋐いる。男子の 40 %と女子の 30 %は 20 歳以上であり，その人数は男女合わせて 108人㋑である。このときの，男子と女子の人数をそれぞれ求める。**男子の人数を$x$人，女子の人数を$y$人とする。**

男子の 40 %⇒$\dfrac{40}{100}x$（人）　女子の 30 %⇒$\dfrac{30}{100}y$（人）

㋐より，$x+y=300$　㋑より，$\dfrac{40}{100}x+\dfrac{30}{100}y=108$

この 2 つの式を連立方程式として解く

**ポイント**

$a\%\rightarrow\dfrac{a}{100}$

$a割\rightarrow\dfrac{a}{10}$

(ⅱ) **定価の割合**：定価や割引きした金額の関係などから式をつくる。

例 A，B 2 つの品物を定価で 1 個ずつ買うと 3000円㋐であるが，Aは 30 %引き，Bは 25 %引きで買えたので，支払った代金の合計は 2220円㋑であった。このときの，A，Bそれぞれの定価を求める。**Aの定価を$x$円，Bの定価を$y$円とする。**

Aの 30 %引き⇒$\dfrac{70}{100}x$（円）　Bの 25 %引き⇒$\dfrac{75}{100}y$（円）

㋐より，$x+y=3000$　㋑より，$\dfrac{70}{100}x+\dfrac{75}{100}y=2220$

この 2 つの式を連立方程式として解く

**ポイント**

定価の$a$%引き
↓
定価の$(100-a)$%
↓
（定価）$\times\dfrac{100-a}{100}$

**② 食塩水の問題**：**食塩水の重さの関係**と**食塩の重さの関係**についての 2 つの方程式をつくる。

例 6 %の食塩水と 3 %の食塩水を混ぜ合わせて，4 %の食塩水を 600 gつくるとき，**6 %の食塩水を $x$ g，3 %の食塩水を $y$ g**混ぜるとする。

| 濃　さ | 6% | 3% | 4% |
|---|---|---|---|
| 食塩水の重さ(g) | $x$ | $y$ | 600 |
| 食塩の重さ(g) | $\dfrac{6}{100}x$ | $\dfrac{3}{100}y$ | $600\times\dfrac{4}{100}$ |

食塩水の重さの関係より，$x+y=600$

食塩の重さの関係より，$\dfrac{6}{100}x+\dfrac{3}{100}y=600\times\dfrac{4}{100}$

この 2 つの式を連立方程式として解く

**おぼえる!**

（$a$%の食塩水にふくまれる食塩の重さ）＝（食塩水の重さ）$\times\dfrac{a}{100}$

### テストの **要点** を書いて確認

別冊解答 P.13

① ある中学校の 2 年生の去年の生徒数は 175 人であった。今年は去年と比べ，男子は 6 %，女子は 4 %増えたので，全体では 9 人増えた。去年の男子，女子の生徒数をそれぞれ求めなさい。　〔男子　　　　人，女子　　　　人〕

STEP

2

基本問題

別冊解答 P.13

得点

／100点

第2章
4
連立方程式の利用②

1 ある中学校の生徒数は 440人である。このうち，男子生徒の 10%と女子生徒の 15%がバレーボール部に所属していて，バレーボール部員の人数は男女合わせて 54人である。この中学校の男子の生徒数を $x$ 人，女子の生徒数を $y$ 人として，次の問いに答えなさい。(10点×4)

(1) 男子のバレーボール部員の人数を，$x$ を使った式で表しなさい。

[ ]

(2) 女子のバレーボール部員の人数を，$y$ を使った式で表しなさい。

[ ]

(3) $x$ と $y$ についての連立方程式をつくりなさい。

[ ]

(4) (3)を解いて，男子と女子の生徒数をそれぞれ求めなさい。

[ 男子　　　 人，女子　　　 人 ]

1 全体の人数の関係と，バレーボール部員の人数の関係について，$x$，$y$ を使った式で表し，連立方程式として解く。

2 ある洋品店が，ジャージの上下を売りつくすセールを行うことにした。定価では，上・下合わせて 5200円だったが，ジャージ〈上〉を 40%引き，ジャージ〈下〉を 30%引きにしたところ，上・下合わせた価格は 3400円になった。ジャージ〈上〉の定価を $x$ 円，ジャージ〈下〉の定価を $y$ 円として，次の問いに答えなさい。(15点×2)

(1) $x$ と $y$ についての連立方程式をつくりなさい。

[ ]

(2) ジャージ上・下の定価をそれぞれ求めなさい。

[ 〈上〉　　　 円，〈下〉　　　 円 ]

2 定価で買ったときの代金の関係と，割引き後の価格の関係について，$x$，$y$ を使った式で表し，連立方程式として解く。

3 3%の食塩水を $x$ g と 8%の食塩水を $y$ g 混ぜ合わせると，5%の食塩水が 300g できた。このとき，次の問いに答えなさい。(10点×3)

(1) 食塩水の重さの関係を，$x$ と $y$ を使った式で表しなさい。

[ ]

(2) 食塩の重さの関係を，$x$ と $y$ を使った式で表しなさい。

[ ]

(3) (1)，(2)を連立方程式として解いて，3%と8%の食塩水をそれぞれ何g混ぜ合わせたか求めなさい。

[ 3%　　　 g，8%　　　 g ]

3 食塩水の重さの関係と，食塩の重さの関係について，$x$，$y$ を使った式で表し，連立方程式として解く。

🔑カギ （$a$%の食塩水にふくまれる食塩の重さ）

$=$（食塩水の重さ）$\times \dfrac{a}{100}$

# 得点アップ問題

**よくでる** **1** ある町の図書館の 5 月と 6 月の利用者数を調べた。5 月の利用者数は，男女合わせて **700人** であった。6 月の利用者数は，男女合わせて **623人** で，これは 5 月と比べて男子は **25%** 減り，女子は **10%** 増えていた。次の問いに答えなさい。(8点×2)

(1) 5月の男子の利用者数を $x$ 人，女子の利用者数を $y$ 人として，$x$ と $y$ についての連立方程式をつくりなさい。

(2) 5月の男子と女子の利用者数をそれぞれ求めなさい。

| (1) | | (2) | 男子 |
|---|---|---|---|
| | | | 女子 |

**2** あるお店で，セーターとポロシャツを 1 枚ずつ買った。セーターは定価の **20%** 引き，ポロシャツは定価の **30%** 引きだったので，支払った代金の合計は **5160円** で，定価で買うより **1640円** 安く買うことができた。次の問いに答えなさい。(8点×2)

(1) セーターとポロシャツを 1 枚ずつ定価で買うと，代金はいくらですか。

(2) セーターとポロシャツの定価をそれぞれ求めなさい。

| (1) | | (2) | セーター | | ポロシャツ |
|---|---|---|---|---|---|

**3** 兄と弟がお金を出し合って，**1200円** の本を買った。兄は持っていたお金の $\dfrac{1}{2}$ を，弟は持っていたお金の $\dfrac{1}{4}$ をそれぞれ出して代金を支払った。残った金額を比べると，兄の金額は弟の金額の 3 倍であった。次の問いに答えなさい。(6点×3)

(1) はじめに持っていた金額が，兄は $x$ 円，弟は $y$ 円だったとして連立方程式をつくるとき，下のア，イにあてはまる式を求めなさい。

$$\begin{cases} \boxed{\quad ア \quad} = 1200 \\ \dfrac{1}{2}x = \boxed{\quad イ \quad} \times 3 \end{cases}$$

(2) (1)の連立方程式を解いて，兄と弟がはじめに持っていた金額をそれぞれ求めなさい。

| (1) | ア | | イ | | (2) | 兄 | | 弟 |
|---|---|---|---|---|---|---|---|---|

**4** 12%の食塩水 $x$ g に，20%の食塩水 $y$ g と水 200g を加えて混ぜ合わせると，14%の食塩水が1000gできた。このとき，次の問いに答えなさい。（10点×2）

(1) $x$ と $y$ についての連立方程式をつくりなさい。

(2) 12%と20%の食塩水をそれぞれ何g混ぜ合わせたか求めなさい。

| (1) | | (2) | 12%の食塩水 |
|---|---|---|---|
| | | | 20%の食塩水 |

 **5** ある中学校の昨年の卒業生は 380人だった。今年の卒業生の人数は，昨年と比べて男子が 8%増え，女子が 10%減ったので，全体では 2人少なかった。今年の卒業生の男子と女子の人数をそれぞれ求めなさい。（15点）

| 男子 | 女子 |
|---|---|
| | |

**6** 濃さの異なる食塩水 A と B がある。A を 200gと B を 100g混ぜ合わせると 8%の食塩水になり，Aを 100gとBを 500g 混ぜ合わせると 11%の食塩水になる。食塩水 A，Bはそれぞれ何%の食塩水か求めなさい。（15点）

| 食塩水A | 食塩水B |
|---|---|
| | |

## 定期テスト予想問題

別冊解答 P.15

目標時間 **45**分

得点 ／100点

**❶** 次の連立方程式を解きなさい。(6点×6)

 (1) $\begin{cases} x + 2y = 3 \\ 4x + 5y = 6 \end{cases}$ （三重県）

(2) $\begin{cases} 3x - 2y = -6 \\ y = 2x + 5 \end{cases}$

 (3) $\begin{cases} 3x + 2y = -1 \\ 5x - 3y = 30 \end{cases}$

(4) $\begin{cases} 7x + 3y = 5 \\ 0.5x - 0.6y = 2.8 \end{cases}$

 (5) $\begin{cases} \dfrac{x + y}{2} - \dfrac{x}{3} = 1 \\ x + 2y = 2 \end{cases}$ （長崎県）

(6) $\begin{cases} 3x - 2(x - y) = 13 \\ \dfrac{1}{6}x = \dfrac{1}{2}y - 2 \end{cases}$

| (1) | | (2) | | (3) | |
|---|---|---|---|---|---|
| (4) | | (5) | | (6) | |

**❷** 連立方程式 $3x + 4y - 8 = -2x + y = 10$ を解きなさい。(8点)

**❸** 次のア，イの連立方程式は同じ解をもっている。このとき，**a**，**b** の値を求めなさい。(8点)

ア $\begin{cases} ax + by = 0 \\ x - y = -5 \end{cases}$ イ $\begin{cases} bx + ay = 5 \\ 4x - y = -11 \end{cases}$

**❹** 1 個 250 円のケーキと 1 個 120 円のプリンを合わせて 14 個買い，2460 円払った。ケーキとプリンをそれぞれ何個買ったか求めなさい。(8点)

| ケーキ | プリン |
|---|---|
| | |

**⑤** 太一さんの家から真二さんの家までの道のりは **2 km**で，その途中にある図書館で **2** 人は一緒に勉強することにした。太一さんは午前 **10** 時に自分の家を出て時速 **12 km**で走り，真二さんは午前10時5分に自分の家を出て時速 **4 km**で歩くと，同時に図書館に着いた。太一さんの家から図書館までの道のりと，真二さんの家から図書館までの道のりを求めなさい。(10点)

(石川県)

| 太一さんの家から図書館 | 真二さんの家から図書館 |
|---|---|
| | |

**⑥** **2** けたの自然数がある。この数の十の位の数と一の位の数の和は **12** である。また，十の位の数と一の位の数を入れかえてできる数は，もとの数の **2** 倍より **15** 大きい。もとの自然数を求めなさい。(10点)

| |
|---|
| |

**⑦** ある店ではボールペンとノートを販売している。先月の販売数はボールペンが **60** 本，ノートが **120**冊で，ノートの売り上げ金額はボールペンの売り上げ金額より **12600** 円多かった。今月は，先月と比べて，ボールペンの販売数が **40%**増え，ノートの販売数が **25%**減ったので，ボールペンとノートの売り上げ金額の合計は **10%**減った。このとき，ボールペン1本とノート1冊の値段はそれぞれいくらか求めなさい。(10点)

(福島県)

| ボールペン | ノート |
|---|---|
| | |

**⑧** 5%の食塩水と 15%の食塩水を混ぜ合わせて，12%の食塩水を **800g**つくるには，5%の食塩水と 15%の食塩水をそれぞれ何 **g** 混ぜればよいか求めなさい。(10点)

| 5%の食塩水 | 15%の食塩水 |
|---|---|
| | |

# 1 1次関数とグラフ

## STEP 1 要点チェック

テスト
1週間前
から確認!

### 1 1次関数と1次関数の値の変化

① $y$ が $x$ の関数で，$y = ax + b$（$a$，$b$は定数で$a \neq 0$）の形で表されるとき，$y$ は $x$ の1次関数であるという。

$$y = ax + b$$
$x$ に比例する部分　定数の部分

② 変化の割合：$x$ の増加量に対する $y$ の増加量の割合。

　　　　1次関数 $y = ax + b$ では，

　　　　変化の割合は**一定**で，$a$ **に等しい。**

おぼえる!

$$(変化の割合) = \frac{(yの増加量)}{(xの増加量)} = a（一定）$$

③ （$y$ の増加量）$= a \times$（$x$ の増加量）　$a$ は $x$ が1増加したときの $y$ の増加量に等しい。

### 2 1次関数のグラフ

① 1次関数 $y = ax + b$ のグラフは，$y = ax$ のグラフを$y$軸の正の方向に $b$ だけ**平行移動させた直線**である。

② 1次関数 $y = ax + b$ のグラフは，**傾きが$a$**で，**切片が** $b$の直線である。

③ （i）$a > 0$のとき　**右上がりの直線**　　（ii）$a < 0$のとき　**右下がりの直線**

　　　　　　　　　$x$ が増加すれば　　　　　　　　　　　　　$x$ が増加すれば
　　　　　　　　　$y$ も増加する。　　　　　　　　　　　　　$y$ は減少する。

おぼえる!

$$y = ax + b$$
傾き　切片

### 3 1次関数の式を求める　ポイント

① グラフから1次関数の式を求める。

1次関数のグラフから，傾き$a$，切片$b$を読みとり，式を求める。→

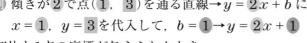

$y = \frac{2}{3}x + 1$

切片
1

傾き $\frac{2}{3}$

② 条件から1次関数の式を求める。

（i）傾き（変化の割合）と1点の座標が与えられたとき

例 傾きが**2**で点（**1**，**3**）を通る直線→$y = 2x + b$ に

$x = 1$，$y = 3$を代入して，$b = 1$→$y = 2x + 1$

（ii）切片と1点の座標が与えられたとき

例 切片が**5**で点（**2**，**-3**）を通る直線

→$y = ax + 5$に$x = 2$，$y = -3$を代入して，$a = -4$→$y = -4x + 5$

（iii）2点の座標が与えられたとき

例 2点（**2**，**5**），（**4**，**11**）を通る直線→傾きは，$\dfrac{11 - 5}{4 - 2} = \dfrac{6}{2} = 3$

→$y = 3x + b$に$x = 2$，$y = 5$を代入して，$b = -1$→$y = 3x - 1$

### テストの 要点 を書いて確認

別冊解答 P.17

① 1次関数 $y = 2x - 8$ の変化の割合を答えなさい。　　　　〔　　　　　〕

② グラフの傾きが$-2$で，切片が$-7$の1次関数の式を求めなさい。〔　　　　　〕

STEP
2
基本問題

テスト
5日前
から確認!

別冊解答 P.17

得点

／100点

---

**1** 次の(1),(2)について，$y$ が $x$ の 1 次関数であれば〇を，そうでなければ×を書きなさい。(5点×2)

(1) 周の長さ20cmの長方形の縦の長さが $x$ cmのとき，横の長さが $y$ cm

[　　　　　]

(2) 50kmの道のりを時速 $x$ kmで進むときのかかる時間が $y$ 時間

[　　　　　]

**1**
$y$ が $x$ の関数で，
$y = ax + b(a \neq 0)$ の形で表されるとき，$y$ は $x$ の
1 次関数である。

**2** 次の問いに答えなさい。(6点×2)

(1) $y = -3x + 4$ で，$x$ の値が $-2$ から5まで変化するときの $y$ の増加量を求めなさい。

[　　　　　]

(2) $y = \dfrac{2}{3}x - 6$ で，$x$ の増加量が9のときの $y$ の増加量を求めなさい。

[　　　　　]

**2**
（変化の割合）
$= \dfrac{(y \text{ の増加量})}{(x \text{ の増加量})}$
（$y$ の増加量）
$= a \times (x \text{ の増加量})$

**3** 次の式で表される直線を，右の図のア〜エからそれぞれ選び，記号で答えなさい。(6点×4)

(1) $y = 2x + 3$ [　　　　　]
(2) $y = 2x - 3$ [　　　　　]
(3) $y = -2x + 3$ [　　　　　]
(4) $y = -2x - 3$ [　　　　　]

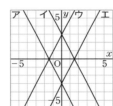

**3**
1 次関数 $y = ax + b$ のグラフは，傾きが $a$，切片が $b$ の直線である。

**4** 次の問いに答えなさい。(7点×2)

(1) 1次関数 $y = 4x - 5$ で，$x$ の変域を $-3 \leqq x \leqq 2$ としたときの $y$ の変域を求めなさい。

[　　　　　]

(2) 1次関数 $y = -2x + 9$ で，$x$ の変域を $-1 \leqq x \leqq 4$ としたときの $y$ の変域を求めなさい。

[　　　　　]

**4**
変域とは，変数のとりうる値の範囲のことである。

**5** 次の1次関数の式を求めなさい。(8点×5)

(1) グラフの傾きが $-5$ で，点$(2, -3)$を通る。 [　　　　　]
(2) 変化の割合が4で，$x = 2$のとき $y = -1$である。 [　　　　　]
(3) 切片が $-3$ で，点$(5, 2)$を通る。 [　　　　　]
(4) 2点$(1, 3)$，$(6, 13)$を通る。 [　　　　　]
(5) 直線 $y = -2x + 4$ に平行で，点$(3, 1)$を通る。 [　　　　　]

**5**
1 次関数は，$y = ax + b$
で表されるから，$a, b$の値が求まれば，式が決まる。
🔑カギ 1 次関数では，
「変化の割合」とグラフの
「傾き」は，ともに
$y = ax + b$ の $a$ を指す。

第3章
1
1次関数とグラフ

**1** 次のア～エのうち，$y$ が $x$ の 1 次関数であるものをすべて選び，記号で答えなさい。（3点）

ア　1 分間に0.15cmずつ短くなる，長さ20cmのろうそくに火をつけたときの，$x$ 分後のろうそくの長さ$y$cm

イ　半径が$x$cmの円の面積$y$cm²

ウ　空の水そうに，1 分間に 5L ずつ水を入れたときの，$x$ 分後の水の量 $y$L

エ　面積が 20cm²の三角形で，底辺が$x$cmのときの高さ $y$cm

**2** 1次関数 $y = -2x + 3$ について，次の問いに答えなさい。（4点×5）

（1）下の対応表の空らんア～ウにあてはまる数を答えなさい。

| $x$ | … | $-2$ | $-1$ | $0$ | …ウ |
|---|---|---|---|---|---|
| $y$ | … | ア | $5$ | イ | …$-3$ |

（2）1次関数$y = -2x + 3$ の変化の割合を求めなさい。

（3）$x$の値が 5 増加するときの，$y$の増加量を求めなさい。

| (1) | ア | イ | ウ | (2) | | (3) | |
|---|---|---|---|---|---|---|---|

**3** 次の（1）～（5）にあてはまるものを，右のア～カの中からすべて選び，記号で答えなさい。（4点×5）

（1）グラフの傾きが 1 である。

（2）$y$軸と点(0，2)で交わる。

（3）グラフが右上がりの直線である。

（4）$y = -2x$ のグラフと平行な直線である。

（5）$x$ の値が 2 増加したとき，$y$ の値が 1 減少する。

ア　$y = x + 1$
イ　$y = 3x + 4$
ウ　$y = -2x + 1$
エ　$y = \dfrac{1}{2}x + 2$
オ　$y = 2x - 4$
カ　$y = -\dfrac{1}{2}x - 1$

| (1) | | (2) | | (3) | |
|---|---|---|---|---|---|
| (4) | | (5) | | | |

**4** 次の1次関数のグラフを下の図にかきなさい。(4点×3)

(1) $y = 4x - 1$

(2) $y = -x + 2$

(3) $y = \dfrac{2}{3}x - 3$

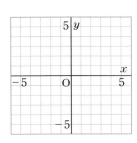
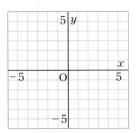

**5** 下の図の直線の式をそれぞれ求めなさい。(5点×3)

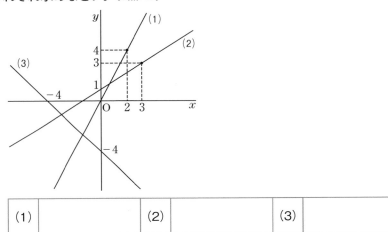

| (1) | | (2) | | (3) | |
|---|---|---|---|---|---|
| | | | | | |

**6** 次の1次関数の式を求めなさい。(5点×6)

(1) 変化の割合が $3$ で，$x = -4$ のとき $y = -7$ である。

(2) 2点 $(-2, \ -1)$，$(1, \ 5)$ を通る。

(3) $x$ の増加量が $8$ のときの $y$ の増加量が $-4$ で，点 $(3, \ 4)$ を通る。

(4) 直線 $y = -x + 4$ と同じ傾きで，直線 $y = -\dfrac{2}{3}x + 5$ と $y$ 軸上で交わる。

(5) 直線 $y = -3x + 1$ に平行で，点 $(2, 3)$ を通る。

(6) 傾きが負の値で，$x$ の変域が $3 \leqq x \leqq 5$ のときの $y$ の変域が $5 \leqq y \leqq 9$ である。

| (1) | | (2) | | (3) | |
|---|---|---|---|---|---|
| (4) | | (5) | | (6) | |

# 2 1次関数と方程式・1次関数の利用

## STEP 1 要点チェック

テスト1週間前から確認！

### 1 $ax + by = c$ のグラフ

① **2元1次方程式** $ax + by = c$（$a$，$b$，$c$は定数，$a \neq 0$，$b \neq 0$）のグラフは**直線**である。

（2元1次方程式のグラフは，この方程式を成り立たせる $x$，$y$ の値の組を座標にもつ点の集まりである。）

### 2 $y = k$，$x = h$ のグラフ

① $y = \underline{k}$ のグラフは，点($0$，$\underline{k}$)を通り，$x$軸に平行な直線である。

（2元1次方程式 $ax + by = c$ において，$a = 0$ の場合である。）

例 $y = \underline{2}$ のグラフは，点($0$，$\underline{2}$)を通り，$x$軸に平行な直線になる。

② $x = \underline{h}$ のグラフは，点($\underline{h}$，$0$)を通り，$y$軸に平行な直線である。

（2元1次方程式 $ax + by = c$ において，$b = 0$ の場合である。）

例 $x = \underline{2}$ のグラフは，点($\underline{2}$，$0$)を通り，$y$軸に平行な直線になる。

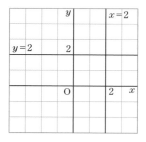

### 3 連立方程式とグラフ

① 連立方程式の解をグラフから求める。

2つの方程式のグラフをかいて，2直線の交点の座標を読みとる。

② 2つの直線のグラフの交点の座標を計算で求める。

2つの直線の交点の座標を求めるときは，その**2直線を表す2つの式**を連立方程式として解く。

### 4 図形と1次関数 ◀ポイント

① 図形の辺上を点が動くときの面積の変化などでは，**1次関数**を利用できる場合がある。

### 5 1次関数のグラフの利用 ◀ポイント

① 出発してからの時間 $x$ 分後までに進んだ道のりを $y$m として，$x$ と $y$ の関係を表したとき，グラフの傾きは速さを表す。

おぼえる！

② 2つの進行のようすを表すグラフでは，2つのグラフの交点は追いついた(出会った)時を表す。

---

#### テストの 要点 を書いて確認

別冊解答 P.19

① 方程式 $2x - 3y = -6$ のグラフの傾きと切片を求めなさい。〔傾き　　　切片　　　〕

② 右の図のような直角三角形ABCの辺AB上を，AからBまで動く点Pがある。AP＝$x$cmのときの△PBCの面積を $y$cm² として，$y$ を $x$ の式で表しなさい。

〔　　　　　〕

A　⌐12cm⌐　C
$x$cm
5cm
P
B

別冊解答 P.19

テスト **5日前** から確認!

得点 ／100点

[1] 次の式で表される直線を，右の図の㋐〜㋓
からそれぞれ選び，記号で答えなさい。

(10点×4)

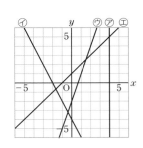

(1) $x - y = -1$ ［　　　］

(2) $2x + y + 4 = 0$ ［　　　］

(3) $3x - y = 2$ ［　　　］

(4) $x = 4$ ［　　　］

[1] $y = ax + b$ に変形して，傾きと切片を求めて，グラフを選べばよい。移項するときは，符号に注意すること。また，$x = h$ のグラフは $y$ 軸に平行である。

**よくでる** [2] 次の連立方程式の解を，グラフをかいて求めなさい。

$$\begin{cases} x + y = 4 & \cdots ① \\ -x + 2y = 2 & \cdots ② \end{cases}$$

(10点)

［　　　］

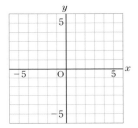

[2] 2直線の交点の $x$ 座標，$y$ 座標の組が，連立方程式の解である。

[3] 右の図の長方形ABCDで，辺上を
AからBまで動く点Pがある。点P
がAから $x$cm 動いたときの△APD
の面積を $y$cm² とする。次の問い
に答えなさい。（10点×2）

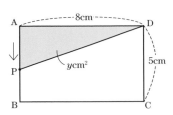

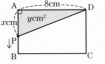

[3] 点Pが辺AB上を動くとき

(1) $x$ の変域を求めなさい。 ［　　　］

(2) $y$ を $x$ の式で表しなさい。 ［　　　］

[4] 朝9時に家から5kmはなれたスタジアム
まで兄は徒歩で，愛さんは20分遅れて自
転車で行った。右のグラフは，そのときの
時刻と道のりの関係を表している。次の問
いに答えなさい。（15点×2）

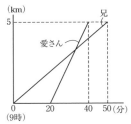

[4] グラフからわかることが何かを考える。傾きと座標から，式は導ける。

**カギ** グラフの傾きは速さを表している。

(1) 兄が家を9時に出発してから $x$ 分後までに進んだ道のりを $y$km として，$x$ と $y$ の関係を式で表しなさい。

［　　　］

(2) 愛さんが9時20分に家を出て兄に追いついたのは何時何分何秒か求めなさい。

［　　　］

第3章 2 1次関数と方程式・1次関数の利用

# 得点アップ問題

**1** 次の連立方程式の解を，グラフをかいて求めなさい。(6点×2)

(1) $\begin{cases} y = 2x - 3 & \cdots① \\ y = x & \cdots② \end{cases}$

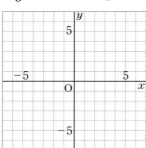

(2) $\begin{cases} 3x - 2y = 4 & \cdots① \\ x + 4y = 6 & \cdots② \end{cases}$

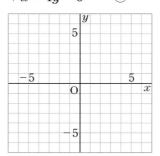

**2** 右の図で，直線①の式は $y = 2x + 2$ で，直線①と $x$ 軸の交点を**A**，直線②と $x$ 軸との交点を**B**とする。次の問いに答えなさい。(8点×3)

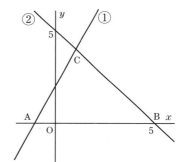

(1) 直線②の式を求めなさい。

(2) 直線①と直線②の交点Cの座標を求めなさい。

 (3) △ABCの面積を求めなさい。ただし，座標軸の1目もりを1cmとする。

| (1) | | (2) | | (3) | |
|-----|---|-----|---|-----|---|

**難** **3** 次の問いに答えなさい。(8点×2)

(1) 2直線 $y = \dfrac{1}{4}x + 4$ と $y = ax + 9$ の交点の $x$ 座標が4であるとき，$a$ の値を求めなさい。

(2) 3直線 $3x + y = 6$, $x - 2y = -5$, $x + ay = -2$ が1点で交わるとき，$a$ の値を求めなさい。

| (1) | | (2) | |
|-----|---|-----|---|

**4** 右の図のような，∠C＝90°，BC＝12cm，AC＝6cmの直角三角形ABCがある。点PはBを出発し，毎秒 1 cmの速さで，△ABCの辺上をCを通ってAまで動く。点PがBを出発してから $x$ 秒後の△ABPの面積を $y$cm²として，次の問いに答えなさい。(8点×2)

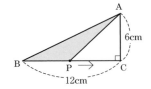

(1) $x$ と $y$ の関係を右のグラフに表しなさい。

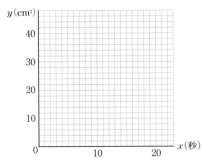

(2) $x$ の変域が12≦$x$≦18のとき，$y$ を $x$ の式で表しなさい。

| (1) | 右の図にかきなさい。 | (2) | |
|---|---|---|---|

**5** Aさんは，朝10時に自分の家を自転車で出発し，途中の花屋で買い物をして，自分の家から**7km**はなれたおばあさんの家へ行った。右のグラフは，Aさんが自分の家を出発してから $x$ 分後の，おばあさんの家までの道のりを $y$km として，$x$ と $y$ の関係を表したものである。次の問いに答えなさい。

(8点×4)

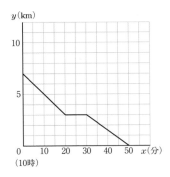

(1) 花屋は，おばあさんの家から何kmの地点にあって，買い物をしたのは何分間か，求めなさい。

(2) 花屋に着く前と，花屋を出たあとでは，進む速さはどちらが速いか，答えなさい。

(3) Aさんが家を出てから12分後にいる地点から，おばあさんの家までの道のりは何kmか，求めなさい。

| (1) | | km | | 分間 | (2) | | (3) | |
|---|---|---|---|---|---|---|---|---|

# 定期テスト予想問題

別冊解答 P.20

目標時間 **50**分

得点 ／100点

**❶** 次の問いに答えなさい。（4点×7）

（1）$y = -2x + 5$で，$x$ の値が$-5$から$3$まで変化するとき，$y$ の増加量を求めなさい。

（2）$y = ax + b$のグラフが，2点$(4, 6)$，$(-1, 1)$を通る。このときの$a$と$b$の値を求めなさい。

 （3）$y = \dfrac{3}{2}x + 3$のグラフに平行で，点$(2, 2)$を通る直線の式を求めなさい。

（4）$x$の変域が$-3 \leqq x \leqq 2$のとき，1次関数 $y = -3x + 5$ の$y$の変域を求めなさい。

（5）$3x - 6y = 9$のグラフの傾きと切片を求めなさい。

（6）$-8x + 2y = 12$のグラフと$x$軸の交点の座標を求めなさい。

（7）$y = 2x + 5$と$y = -4x - 1$のグラフの交点の座標を求めなさい。

| (1) | | (2) | | (3) | | (4) | |
|---|---|---|---|---|---|---|---|
| (5) | 傾き ┊ 切片 | | | (6) | | (7) | |

 **❷** 右の図で，①の直線の式は $y = 3x + 6$，②の直線の式は $y = -2x + 2$である。直線①と②の交点を**P**，直線①，②と$x$軸の交点をそれぞれ**A**, **B**とする。このとき，次の問いに答えなさい。

（6点×4）

（1）点Pの座標を求めなさい。

（2）点Aの座標を求めなさい。

（3）△PABの面積を求めなさい。ただし，座標の1目もりを1cmとする。

**難** （4）点Pを通り，△PABの面積を2等分する直線の式を求めなさい。

| (1) | | (2) | | (3) | | (4) | |
|---|---|---|---|---|---|---|---|

❸ 右の図のような長方形ABCDがある。長方形の周上を，点PがBを出発して，B→C→D→Aと動く。点PがBから$x$cm動いたときの△ABPの面積を$y$cm²とする。このとき，次の問いに答えなさい。（6点×4）

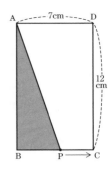

(1) 点Pが辺BC上にあるとき（$0 \leqq x \leqq 7$），$y$を$x$の式で表しなさい。

(2) 点Pが辺CD上にあるとき（$7 \leqq x \leqq 19$），$y$を$x$の式で表しなさい。

(3) 点Pが辺DA上にあるとき（$19 \leqq x \leqq 26$），$y$を$x$の式で表しなさい。

第3章 定期テスト予想問題

(4) (1)～(3)の$x$，$y$の関係を表すグラフをかきなさい。

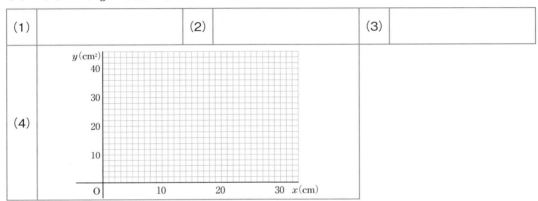

 ❹ 図1のように，高さ30cmの直方体の形をした水そうが水平に置かれている。この水そうは底面に垂直な長方形の仕切りで区切られており，仕切りの高さは20cmである。仕切りの左側の底面を底面A，右側の底面を底面Bとし，底面Aの面積は底面Bの面積の2倍である。底面Aの上には給水管Pがある。この給水管Pを使い，水そうが空の状態から満水になるまで給水したとき，給水を始めてから$x$分後の底面A上の水面の高さを$y$cmとする。図2は，$x$と$y$の関係をグラフに表したものである。水そうが空の状態から満水になるまで給水したとき，次の問いに答えなさい。ただし，水そうと仕切りの厚さは考えないものとする。（12点×2）

（栃木県改）

図1

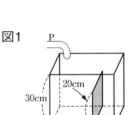

図2

(1) 給水を始めてから2分後の底面A上の水面の高さを求めなさい。

(2) 給水を始めて12分後から18分後までの$x$と$y$の関係を式で表しなさい。

43

# 1 平行線と角

## STEP 1 要点チェック

### 1 平行線と角

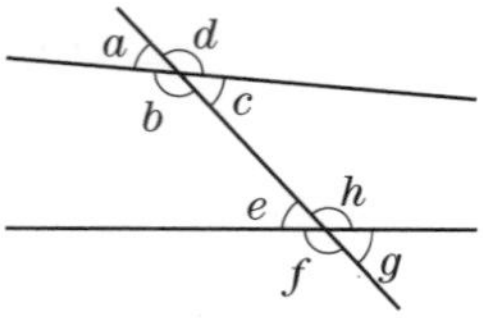

① 対頂角：右の図の∠aと∠cのように，向かい合っている角。**おぼえる!**

**対頂角はつねに等しい。**

∠bと∠d，∠eと∠g，∠fと∠hも対頂角

② 同位角：右の図の∠aと∠eのような位置にある角。**おぼえる!**

**平行な２つの直線に１つの直線が交わるとき，同位角は等しい。**

∠bと∠f，∠cと∠g，∠dと∠hも同位角

③ 錯角：右の図の∠bと∠h，∠cと∠eのような位置にある角 **おぼえる!**

**平行な２つの直線に１つの直線が交わるとき，錯角は等しい。**

― 平行線の性質

④ 平行線になる条件：２つの直線に１つの直線が交わるとき，

　　　　１同位角が等しいならば，２つの直線は平行である。**ポイント**

　　　　２錯角が等しいならば，２つの直線は平行である。**ポイント**

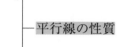

### 2 多角形の内角と外角

① 三角形の内角：三角形の３つの内角の和は，180°

② 三角形の外角：三角形の１つの外角は，それととなり合わない２つの内角の和と等しい。

内角 / 外角 / $a+b$

例 右の図で，∠xは∠Cの外角である。

となり合わない２つの内角の和に等しいので，∠x = 60° + 70° = 130°

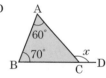

③ 多角形の内角の和：$n$角形の内角の和は，**180° × ($n$-2)**

$n-2$は多角形をいくつかの三角形に分けたときの，三角形の数

例 右の図のように，六角形を三角形に分けると，6-2 = 4(個)の三角形ができるので，内角の和は，180° × (6-2) = 720°

④ 多角形の外角の和：$n$角形の外角の和は，**360°**

例 右の図で，∠x = 360° - (85° + 70° + 63° + 87°) = 55°

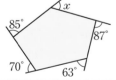

### テストの 要点 を書いて確認

別冊解答 P.22

① 下の図の∠xの大きさを求めなさい。ただし，(1)は ℓ//mとする。

(1)
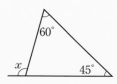
ℓ
57°
$x$
m　34°

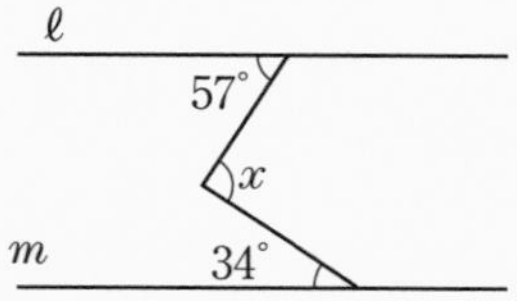

(2)

60°
$x$　　　45°

(1) 〔　　　　　　　〕

(2) 〔　　　　　　　〕

STEP
2

基本問題

テスト
**5日前**
から確認!

別冊解答 P.22

得点

／100点

**1** 下の図の∠x，∠y，∠z の大きさを求めなさい。(8点×3)

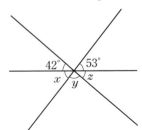

∠x = [          ]

∠y = [          ]

∠z = [          ]

**2** 下の図の∠x の大きさを求めなさい。ただし，ℓ//m とする。(9点×4)

(1)

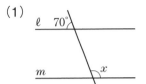

[          ]

(2)

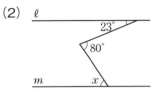

[          ]

(3)

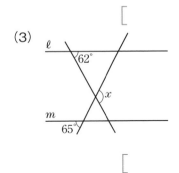

[          ]

(4)

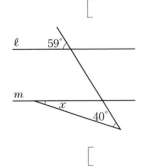

[          ]

**3** 次の問いに答えなさい。(8点×5)

(1) 七角形の内角の和を求めなさい。

[          ]

(2) 十四角形の内角の和を求めなさい。

[          ]

(3) 八角形の外角の和を求めなさい。

[          ]

(4) 正五角形の1つの内角の大きさを求めなさい。

[          ]

(5) 正十二角形の1つの外角の大きさを求めなさい。

[          ]

---

**1**

対頂角は等しい。また，一直線の角の大きさは180°である。

**2**

まずは，同じ大きさになる角を探す。対頂角，平行線の同位角・錯角を見つける。

🔑**カギ** (2) 補助線を正しくひくことができるかがポイント。

**3**

(1)(2) $180° \times (n - 2)$の n に角の数を代入する。

(4) 内角の和を求めてから1つの内角の大きさを求める。正五角形の1つの内角を求めるには，内角の和を5でわればよい。

🔑**カギ** (3)(5) 多角形の外角の和は，必ず360°になる。

STEP
3
得点アップ問題

テスト
3日前
から確認!

別冊解答 P.22

得点

／100点

**よくでる** **1** 右の図について，次の問いに答えなさい。(5点×4)

(1) 平行な2直線を記号//を使って示し，理由も答えなさい。

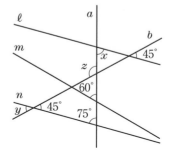

(2) ∠xの大きさを求めなさい。

(3) ∠yの大きさを求めなさい。

(4) ∠zの大きさを求めなさい。

| (1) | | 理由 | | | |
|---|---|---|---|---|---|
| (2) | | (3) | | (4) | |

**2** 下の図の∠x，∠yの大きさを求めなさい。ただし，**ℓ//m** とする。(6点×4)

(1)
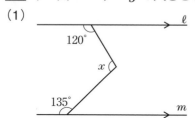

(2)
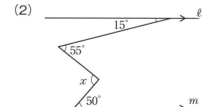

(3)
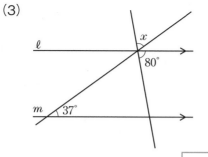

(4)
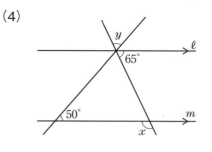

| (1) | ∠x = | (2) | ∠x = | (3) | ∠x = |
|---|---|---|---|---|---|
| (4) | ∠x = | , ∠y = | | | |

**3** 次の問いに答えなさい。（5点×4）

（1）十角形の内角の和を求めなさい。

（2）内角の和が1620°になる多角形は何角形か，求めなさい。

（3）1つの内角が120°になる正多角形は正何角形か，求めなさい。

（4）1つの外角が20°になる正多角形は正何角形か，求めなさい。

| (1) | | (2) | | (3) | | (4) | |
|---|---|---|---|---|---|---|---|

**4** 下の図の∠$x$ の大きさを求めなさい。（6点×4）

（1）
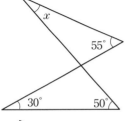

（2）
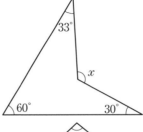

（3）
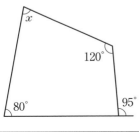

（4）
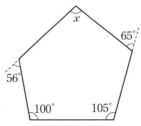

| (1) | | (2) | | (3) | | (4) | |
|---|---|---|---|---|---|---|---|

**5** 下の図の∠$a$ ～∠$e$ の和を求めなさい。（6点×2）

（1）
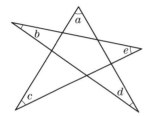

（2）
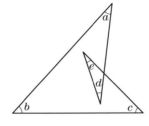

| (1) | | (2) | |
|---|---|---|---|

# 2 合同な図形・証明

## STEP 1 要点チェック

テスト
1週間前
から確認!

### 1 合同な図形

① 合同：平面上の2つの図形について，一方をずらしたり，裏返したりすることによって他方に重ね合わせることができるとき，この2つの図形は合同であるという。

② 合同な図形の性質：①合同な図形では，**対応する線分の長さがそれぞれ等しい。** ◀ポイント
　　　　　　　　　　②合同な図形では，**対応する角の大きさがそれぞれ等しい。** ◀ポイント

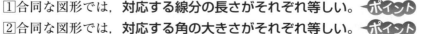

　　右の図で，四角形ABCDと四角形EFGHが合同であるとき，**四角形ABCD ≡ 四角形EFGH**と，記号「≡」を使って表す。このとき，対応する頂点の順に並べて書く。

例 △ABCと△DEFが合同であるとき，

　AB = DE，BC = EF，CA = FD

　∠A = ∠D，∠B = ∠E，∠C = ∠Fであるといえる。

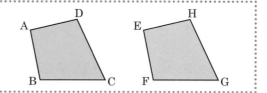

### 2 三角形の合同条件 おぼえる!

2つの三角形は，右のどれかが成り立つ場合に合同である。

① 3組の辺がそれぞれ等しい。
② 2組の辺とその間の角がそれぞれ等しい。
③ 1組の辺とその両端の角がそれぞれ等しい。

### 3 証明

① 証明：あることがらが成り立つことを，すでに正しいとわかっている性質をもとにすじ道をたてて明らかにすること。

② 仮定と結論：数学で考えていくことがらには，「□□□ならば○○○」のような形で表されるものがある。この「□□□」の部分を仮定，「○○○」の部分を結論という。

### 4 三角形の合同を利用した証明

① 合同な図形は，対応する線分の長さや対応する角の大きさが，それぞれ等しい。そのため，線分の長さや角の大きさが等しいことの証明に三角形の合同が根拠として使える。 ◀ポイント

#### テストの 要点 を書いて確認

別冊解答 P.24

① △ABCと△PQRで，AB = PQ，BC = QRのとき，あと1組何と何が等しければ，△ABCと△PQRは合同になりますか。また，そのときの合同条件も答えなさい。

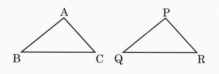

〔　　　　と　　　　〕　合同条件〔　　　　　　　　　〕

STEP
2
基本問題

テスト
5日前
から確認！

別冊解答 P.24

得点

／100点

1 次の ①〜⑤ のうち，△ABC≡△DEFといえるものを 2 つ答えなさい。

（10点）

① AB = DE，∠A = ∠B，∠D = ∠E

② AB = DE，∠B = ∠E，AC = DF

③ BC = EF，∠C = ∠F，AC = DF

④ ∠A = ∠D，∠C = ∠F，∠B = ∠E

⑤ ∠A = ∠D，∠C = ∠F，AC = DF

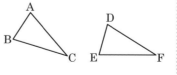

1 三角形の合同条件にあてはまるものを選ぶ。

2 右の図は，∠XOY の二等分線OPの作図方法を示したものである。このことについて，次の問いに答えなさい。（10点×7）

（1）次の式は，この作図からわかる仮定 2 つを，式で表したものである。

　　にあてはまる記号を答えなさい。

①OA = [　　　]　　②AP = [　　　]

（2）点AとP，BとPを結んで△AOPと△BOPをつくる。次の [　　]
をうめて，作図方法が正しいことの証明を完成させなさい。

（証明）　△AOPと△BOPにおいて，

　　仮定より，　　　　OA = ⁽ᵃ⁾[　　　] ……(ⅰ)

　　⁽ⁱ⁾[　　　] = BP ……(ⅱ)

　　共通な辺だから，　OP = OP ……(ⅲ)

　　(ⅰ)，(ⅱ)，(ⅲ)より，⁽ᵘ⁾[　　　] がそれぞれ等しいので，

　　　△AOP ≡ △BOP

　　合同な図形の対応する ⁽ᵉ⁾[　　　] は等しいから，

　　∠ ⁽ᵒ⁾[　　　] = ∠BOP

　　したがって，半直線OPは∠XOYの二等分線である。

2 角の二等分線の作図の方法を思い出す。仮定は，作図の方法からわかり，結論は作図の結果つくられたもの。
カギ　仮定にあとどういう条件が加われば，三角形の合同が証明できるかを考える。

3 右の図で，AB//DC，AO = COならば，AB = CDである。このことを証明しなさい。

（20点）

3 仮定を図に印をつけてかき表す。平行ならば錯角が等しいことに注目。

# STEP 3 得点アップ問題

**よくでる** **1** 下の図で，合同な三角形はどれとどれか。記号≡を使って表し，そのとき使った合同条件も答えなさい。(4点×3)

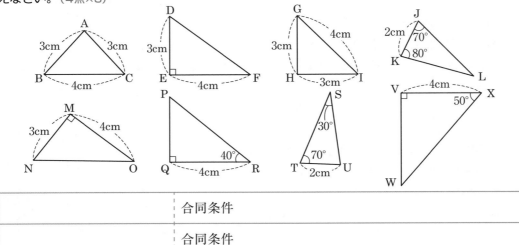

| | 合同条件 |
|---|---|
| | 合同条件 |
| | 合同条件 |

**2** △**ABC**と△**PQR**が合同であることをいうとき，(1)～(4)の条件にどのような条件をつけ加えればよいか。三角形の合同条件に合うように条件を答えなさい。ただし，(1)，(3)は辺を，(2)，(4)は角を答えること。(4点×4)

(1) AB = PQ，∠A = ∠P　　　　　(2) AB = PQ，∠A = ∠P

(3) AB = PQ，BC = QR　　　　　(4) AB = PQ，BC = QR

| (1) | | (2) | | (3) | | (4) | |
|---|---|---|---|---|---|---|---|
| | | | | | | | |

**3** 下の図で，合同な三角形はどれとどれか。記号≡を使って表し，そのとき使った合同条件も答えなさい。ただし，同じ印をつけた辺の長さは等しいものとする。(8点×4)

(1) 　　(2) 　(3) 　(4)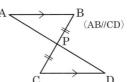

| (1) | | 合同条件 |
|---|---|---|
| (2) | | 合同条件 |
| (3) | | 合同条件 |
| (4) | | 合同条件 |

**4** 下の図で，**AB＝CD，AD＝CB**である。
このとき，**AB//CD** であることを証明しな
さい。（10点）

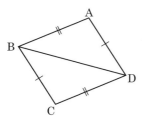

**よく
でる** **5** 下の図のように，線分**AB** と線分**CD** が
それぞれの中点で交わっている。このと
き，**AD＝BC** であることを証明しなさい。
（15点）

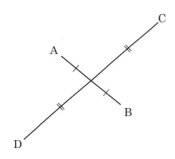

**6** 下の図で，∠**ACB**＝∠**DCB**，
∠**BAC**＝∠**BDC** のとき，
△**ABC**≡△**DBC** を証明しなさい。（15点）

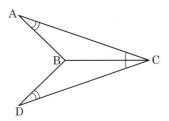

# 定期テスト予想問題

別冊解答 P.26

| 目標時間 | 得点 |
|---|---|
| **40**分 | ／100点 |

 **1** 下の図の∠$x$ の大きさを求めなさい。(8点×8)

(1) $\ell /\!/ m$

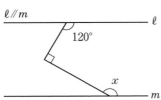

入試に出る！ (2) $\ell /\!/ m$

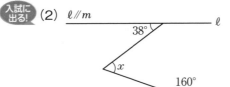

（岩手県）

(3) $\ell /\!/ m$

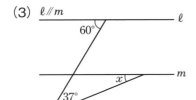

(4)

(5)

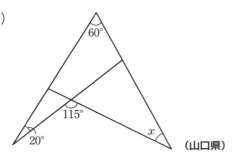

(6)

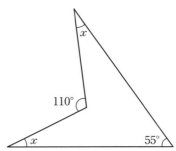

入試に出る！ (7)

（山口県）

(8)

※2つの∠$x$ の大きさは同じ

| (1) | | (2) | | (3) | | (4) | |
|---|---|---|---|---|---|---|---|
| (5) | | (6) | | (7) | | (8) | |

**2** 次の問いに答えなさい。(9点×2)

(1) 右の図で，印のついた角の大きさの和を求めなさい。

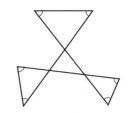

入試に出る! (2) 長方形ABCDについて，右の図のように，点Cが辺AD上にくるように，辺BC，CD上の点E，Fを結ぶ線分を折り目として折り返す。点Cが移った点をGとする。∠DGF＝38°となるとき，∠GEFの大きさを求めなさい。(秋田県)

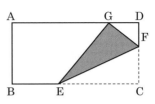

| (1) | | (2) | |
|---|---|---|---|

**3** 下の図のように，**AD//BC** である台形 **ABCD** がある。この台形の対角線**BD**の中点**P**を通る直線が，辺**AD**，**BC** と交わる点をそれぞれ点**Q**，**R**とする。このとき，**DQ＝BR** となることを証明しなさい。

(9点)

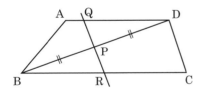

**4** 下の図は，直線ℓ上にある点**P**を通る垂線**PQ** の作図方法を示したものである。この作図方法が正しいことを証明しなさい。(9点)

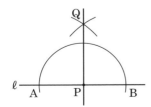

# 1 二等辺三角形

## STEP 1 要点チェック

テスト
1週間前
から確認!

### 1 定義と定理

① **定義**：使うことばの意味をはっきりと述べたもの。

　例 2辺が等しい三角形を二等辺三角形という。

② **定理**：証明されたことがらのうちで，基本となる大切なもの。

　例 二等辺三角形の底角は等しい。

③ **定理の逆**：ある定理の仮定と結論を入れかえたものを，その定理の逆という。 ポイント

　例 △ABCが二等辺三角形ならば，その底角は等しい。

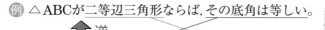

　　　↕ 逆

　　△ABCは，底角が等しければ，二等辺三角形である。

ミス注意! あることがらが正しくても，その逆も必ず正しいとは限らないので注意する。

④ **反例**：あることがらが成り立たない例。 あることがらが正しくないことを証明するには，反例を1つあげればよい。

### 2 二等辺三角形の性質 おぼえる!

① **頂角，底辺，底角**：二等辺三角形で，長さが等しい辺がつくる角を**頂角**，
　頂角に対する辺を**底辺**，底辺の両端の角を**底角**という。

② **二等辺三角形の定義**：**2辺が等しい三角形を二等辺三角形という。**

③ **二等辺三角形の性質**：(ⅰ)二等辺三角形の**底角は等しい。**
　　　　　　　　　　　　(ⅱ)二等辺三角形の**頂角の二等分線は，**
　　　　　　　　　　　　**底辺を垂直に2等分**する。

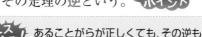
頂角
底角
底辺
(ⅰ) (ⅱ)

④ **鋭角**：0°より大きく90°より小さい角を鋭角という。

⑤ **鈍角**：90°より大きく180°より小さい角を鈍角という。

⑥ **鋭角三角形**：3つの角がすべて鋭角の三角形。

⑦ **鈍角三角形**：1つの角が鈍角の三角形。

⑧ **正三角形**： 定義 **3辺が等しい三角形を正三角形という。**
　　　　　　　　性質 **正三角形の3つの角は等しい。**

　正三角形は，二等辺三角形の特別な形とみることができる。

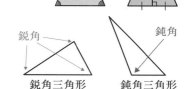
鋭角
鈍角
鋭角三角形 鈍角三角形

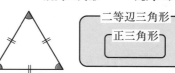
二等辺三角形
正三角形

### 3 二等辺三角形になるための条件 おぼえる!

① 三角形の**2つの角が等しければ**，その三角形は等しい**2つの角を底角とする二等辺三角形で**ある。

---

### テストの 要点 を書いて確認

別冊解答 P.28

① 「2つの三角形において，合同ならば面積は等しい」ということがらの逆を答えなさい。
また，それが正しいかどうかも答えなさい。

〔　　　　　　　　　　　　　　　　　　　　　　〕〔　　　　　　　　　　〕

## STEP 2 基本問題

別冊解答 P.28

得点 ／100点

---

**1** 次のことがらの逆をいいなさい。また，それが正しいかどうかも答えなさい。（9点×8）

(1) $x = 5$，$y = 2$ ならば，$xy = 10$ である。

[ 　　　　　　　　　 ] [ 　　　　 ]

(2) 整数 $x$，$y$ がともに偶数ならば，$xy$ は偶数である。

[ 　　　　　　　　　 ] [ 　　　　 ]

(3) 二等辺三角形であれば，2 つの角は等しい。

[ 　　　　　　　　　 ] [ 　　　　 ]

(4) △ABC ≡ △PQR のとき，∠A = ∠P，∠B = ∠Q，∠C = ∠R

[ 　　　　　　　　　 ] [ 　　　　 ]

> **1**
> 「□□□ならば△△△」
> の逆は，「△△△ならば
> □□□」。反例が 1 つあれ
> ば，逆は正しくないことに
> なる。

---

**2** 下の図で，同じ印をつけた辺の長さが等しいとき，∠$x$ の大きさを求めなさい。（9点×2）

(1)

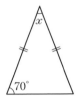

(2)

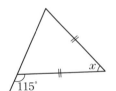

[ 　　　　 ] [ 　　　　 ]

> **2**
> 二等辺三角形の底角は等し
> いという性質を利用する。

---

**3** 右の図で，△ABC は AB＝AC の二等辺三角形で，BP＝CQ である。A と P，A と Q を結んでできた △APQ は二等辺三角形であることを証明しなさい。

（10点）

> **3**
> まずは△ ABP ≡ △ ACQ
> であることを証明する。
> 🔑**カギ** 合同な図形は対
> 応する辺の長さが等しいこ
> とを利用する。

[

<br><br><br><br><br><br>

]

## STEP 3 得点アップ問題

テスト **3日前** から確認!

得点 ／100点

**1** 次のことがらの逆を答えなさい。また，それが正しいかどうかも答えなさい。(4点×6)

(1) $x = 4$, $y = 1$ ならば，$x + y = 5$ である。

(2) △ABCにおいて，∠C = 90° ならば，∠A + ∠B = 90° である。

(3) 二等辺三角形の頂角の二等分線は，底辺を垂直に2等分する。

| | | |
|---|---|---|
| (1) | | |
| (2) | | |
| (3) | | |

**2** 下の図で，同じ印をつけた辺の長さが等しいとき，∠$x$ の大きさを求めなさい。(8点×6)

(1)
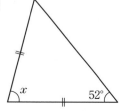

(2)
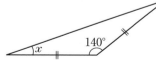

(3)
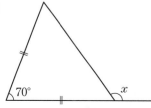

(4)
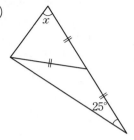

(5)
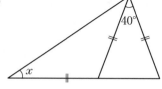

(6)
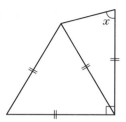

| (1) | | (2) | | (3) | |
|---|---|---|---|---|---|
| (4) | | (5) | | (6) | |

**3** 下の図で，△ABC は AB＝AC の二等辺三角形で，∠ACB，∠ABC の二等分線と AB，AC とのそれぞれの交点を P，Q とする。PC と QB との交点を R とするとき，△PBR≡△QCR であることを証明しなさい。（8点）

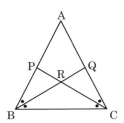

**よくでる** **4** 幅が一定の紙テープを下の図のように折ったとき，重なった部分にできる △ABC は，どんな三角形になりますか。また，そのことを証明しなさい。（10点）

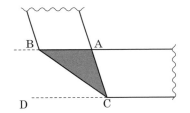

**5** 下の図のように，線分AB上に点 C をとり，AC，CB を 1 辺とする正三角形ACD，正三角形CBEを線分ABの同じ側につくった。このとき，AE＝DBであることを証明しなさい。（10点）

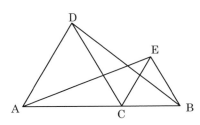

# ② 直角三角形の合同

## STEP 1 要点チェック

テスト
1週間前
から確認!

### 1 直角三角形の合同

① 斜辺：直角三角形の**直角に対する辺**。

> 直角三角形では，斜辺が最も長い辺となる。
> また，直角三角形をつくる角は，直角以外は必ず鋭角である。

② 直角三角形の合同条件：2つの直角三角形は，次のいずれかが

成り立つ場合に合同である。

**おぼえる!**

1 斜辺と1つの鋭角がそれぞれ等しい。

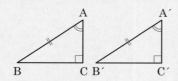

$$\angle C = \angle C' = 90°$$
$$AB = A'B'$$
$$\angle A = \angle A'$$

2 斜辺と他の1辺がそれぞれ等しい。

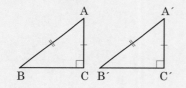

$$\angle C = \angle C' = 90°$$
$$AB = A'B'$$
$$AC = A'C'$$

**ミス注意** 直角三角形の合同を証明するときに，必ずしもこの条件を使うとは限らない。普通の三角形の合同条件を使用してもよい。

③ 直角三角形の合同を利用した証明：三角形の合同と同じように，線分の長さや角の大きさが

等しいことを証明するために，直角三角形の合同が利用されることが多い。

**例** 右の図で，$\angle BDC = \angle CEB = 90°$，$\angle DCB = \angle EBC$であるとき，

BD = CEであることを証明する。

（証明）　△BDCと△CEBにおいて，

仮定より，　$\angle BDC = \angle CEB = 90°$　……(i)

　　　　　　$\angle DCB = \angle EBC$　　　……(ii)

共通な辺だから，BC = CB　　　……(iii)

(i), (ii), (iii)より，直角三角形の斜辺と1つの鋭角がそれぞれ等しいので，

　　　　　△BDC ≡ △CEB

合同な図形の対応する辺の長さは等しいから，BD = CE

---

### テストの 要点 を書いて確認

別冊解答 P.30

① 次の(1)，(2)のような2つの直角三角形は，合同であるといえるか，答えなさい。

(1) 斜辺が13cm，他の1辺が12cmの2つの直角三角形　　〔　　　　　　　〕

(2) 斜辺が5cmの2つの直角三角形　　　　　　　　　　　〔　　　　　　　〕

# 基本問題

別冊解答 P.30

得点

／100点

1 下の図で，合同な直角三角形を **3** 組答えなさい。また，そのとき使った合同条件も答えなさい。（10点×3）

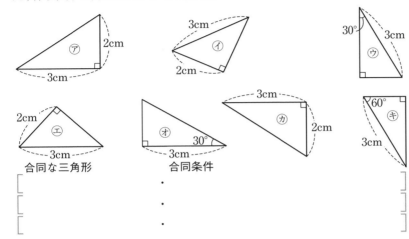

合同な三角形
合同条件

[ ] ・ [ ]

[ ] ・ [ ]

[ ] ・ [ ]

1
使える条件は直角三角形の合同条件だけではない。
🔑 **カギ** 直角三角形の合同を考えるときは，まず斜辺に注目する。

2 右の図で，△**ABC**は**AB＝AC**の二等辺三角形で，点**B**，**C**から辺**AC**，**AB**に垂線**BD**，**CE**をひく。このとき，**BD＝CE**となることを次の [ ] をうめて証明しなさい。（10点×5）

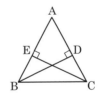

（証明） △ABDと△ACEにおいて，

仮定より，∠ADB = ∠[ ] = [ ]°  ……①

[ ] = AC  ……②

共通な角だから，∠BAD = ∠[ ]  ……③

①，②，③より，[ ] が

それぞれ等しいので，△ABD ≡ △ACE

合同な図形の対応する辺の長さは等しいから，BD = CE

2
直角三角形の合同条件を利用する。

3 右の図で，△**ABC**は**AB＝AC**の二等辺三角形である。辺**BC**の中点を**M**とし，**M**から辺**AB**，**AC**に垂線**MD**，**ME**をひく。このとき，**BD＝CE**となることを証明しなさい。（20点）

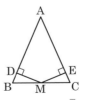

3
BD と CE をふくむ三角形を探す。△ABC は二等辺三角形だから，底角が等しいことが使える。

# 得点アップ問題

**よくでる** **1** 右の図で，半直線 **OP** は∠**XOY** の二等分線で，点 **P** から半直線 **OX**，**OY** にひいた垂線を **PQ**，**PR** とする。このとき，**PQ＝PR** となることを，次の ◻ をうめて証明しなさい。（5点×5）

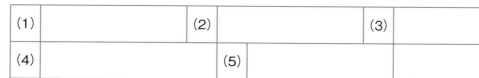

（証明）　△PQO と△ [(1) ◻ ] において，

　　　　仮定より，　∠PQO ＝ ∠ [(2) ◻ ] ＝ 90° ……①

　　　　　　　　　　∠POQ ＝ ∠POR　　　……②

　　　　また，　[(3) ◻ ] は共通　　　　　……③

　　　　①，②，③より，直角三角形の [(4) ◻ ] がそれぞれ等しいので，

　　　　　　　　△PQO ≡ △PRO

　　　　合同な図形の対応する [(5) ◻ ] は等しいから，

　　　　　　　　PQ ＝ PR

| (1) | | (2) | | (3) | |
|---|---|---|---|---|---|
| (4) | | | (5) | | |

**2** 下の図のように，正方形 **ABCD** の頂点 **A** を通り辺 **CD** と交わる直線 **ℓ** に **B**，**D** からそれぞれ垂線 **BP**，**DQ** をひく。このとき，**AP＝DQ** となることを証明しなさい。

（15点）

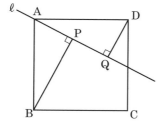

**3** 下の図のように，正方形**ABCD**の内部に
**AE＝AF**である二等辺三角形**AEF**を作
図した。このとき，**BE＝DF**となることを
証明しなさい。（15点）

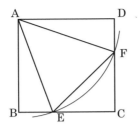

**4** 下の図のような正方形**ABCD**において，
対角線**AC**をひき，∠**DAC**の二等分線と
辺**CD**との交点を**E**とする。点**E**から線分
**AC**に垂線**EF**をひく。このとき，あとの
問いに答えなさい。（15点×2）

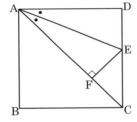

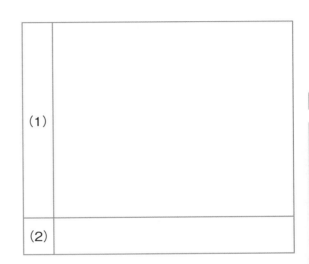

(1)

(2)

（1）△AED ≡ △AEFを証明しなさい。

（2）線分EDと長さが等しい線分をすべて答えなさい。

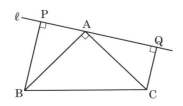

**難** **5** 下の図のように，直角二等辺三角形**ABC**
の直角の頂点**A**を通る直線**ℓ**に，**B**，**C**か
らそれぞれ垂線**BP**，**CQ**をひく。このと
き，**BP＋CQ＝PQ**であることを証明しな
さい。（15点）

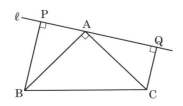

# ③ 平行四辺形・平行線と面積

## STEP 1 要点チェック

テスト1週間前から確認!

### 1 平行四辺形の性質

① 対辺：四角形の向かい合う辺。

② 対角：四角形の向かい合う角。

③ 平行四辺形の定義：**2組の対辺がそれぞれ平行な四角形**

　平行四辺形 ABCD を，記号□を使って，□ABCD と表すことがある。

④ 平行四辺形の性質：平行四辺形には，次の性質がある。

　(ⅰ) 平行四辺形では，2組の対辺はそれぞれ等しい。

　(ⅱ) 平行四辺形では，2組の対角はそれぞれ等しい。

　(ⅲ) 平行四辺形では，対角線はそれぞれの中点で交わる。

平行四辺形のとなり合う角の和は，180°になる。

$a+b+a+b=2a+2b=360°$
なので，$a+b=180°$

### 2 平行四辺形になるための条件

① 平行四辺形になるための条件：四角形は，次のいずれかが成り立てば平行四辺形である。

　(ⅰ) 2組の対辺がそれぞれ平行である。**定義**

　(ⅱ) 2組の対辺がそれぞれ等しい。

　(ⅲ) 2組の対角がそれぞれ等しい。

　(ⅳ) 対角線がそれぞれの中点で交わる。

　(ⅴ) 1組の対辺が平行でその長さが等しい。

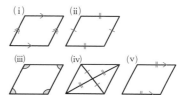

### 3 特別な平行四辺形

① 長方形の定義：4つの角がすべて等しい四角形

② ひし形の定義：4つの辺がすべて等しい四角形

③ 正方形の定義：4つの辺，4つの角がすべて等しい四角形

④ 対角線の性質：(ⅰ) **長方形の対角線は，長さが等しい。**

　　　　　　　　(ⅱ) **ひし形の対角線は，垂直に交わる。**

　　　　　　　　(ⅲ) **正方形の対角線は，長さが等しく，垂直に交わる。**

### 4 平行線と面積

① 1つの直線上にある2点A，Bと，その直線の同じ側にある2点P，Qについて，PQ//ABならば，△PAB＝△QABといえる。

　また，△PAB＝△QABならば，PQ//ABということも成り立つ。

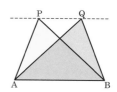

---

**テストの 要点 を書いて確認**　　　　　　　　別冊解答 P.32

① 四角形ABCDについて，辺・角の間に次のような関係があるとき，四角形ABCDが平行四辺形といえるなら○を，いえないなら×を書きなさい。

(1) AD//BC，∠A＝∠C　〔　　　〕　　　(2) AB//DC，AB＝DC　〔　　　〕

STEP
2 基本問題

テスト
5日前
から確認!

別冊解答 P.32

得点

／100点

**1** 下の図の四角形**ABCD**はいずれも平行四辺形である。∠*x*，∠*y*の大きさと，*a*, *b*の値を求めなさい。(8点×11)

(1)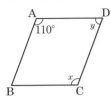

$\Big[\ \angle x =\qquad\ ,\ \angle y =\qquad\ \Big]$

(2)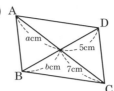

$\Big[\ a =\qquad\ ,\ b =\qquad\ \Big]$

(3)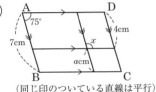

(同じ印のついている直線は平行)

$\Big[\ \angle x =\qquad\ ,\ a =\qquad\ \Big]$

(4)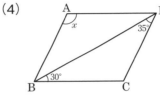

$\Big[\ \angle x =\qquad\ \Big]$

(5)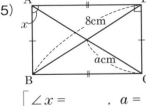

$\Big[\ \angle x =\qquad\ ,\ a =\qquad\ \Big]$

(6)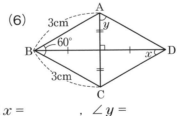

$\Big[\ \angle x =\qquad\ ,\ \angle y =\qquad\ \Big]$

**2** 下の図のような折れ線**PQR**で④と⑧に分けられた長方形**ABCD**がある。④，⑧の面積を変えずに，境界線を**P**を通る直線に変えたい。そのような直線を図にかき入れなさい。(12点)

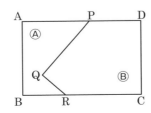

**1**
平行四辺形の性質とともに，角については，平行線の同位角・錯角が等しいことも使う。

✎**カギ** ４つの角がすべて等しい四角形は，長方形または正方形である。
４つの辺がすべて等しい四角形は，ひし形または正方形である。

第**5**章
**3**
平行四辺形・平行線と面積

**2**
△PQR の面積を変えないで，点 Q を辺 BC 上に動かす。

# STEP 3 得点アップ問題

**1** 下の図のように，平行四辺形ABCDの対角線の交点を O とし，対角線AC上に OE ＝ OF となるような点 E，F をとる。このとき，四角形BFDE は平行四辺形になることを証明しなさい。(16点)

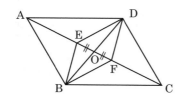

**よくでる** **2** 下の図のように，平行四辺形ABCD の対辺AD，BC の中点を M，N とする。このとき，四角形ANCM は平行四辺形になることを証明しなさい。(16点)

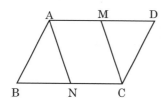

**3** 下の図のように，平行四辺形ABCD において，∠A の二等分線が辺 BC と点 E で，∠C の二等分線が辺 AD と点 F で交わっている。このとき，AE//FC となることを証明しなさい。(16点)

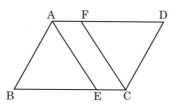

**4** 下の図のように，平行四辺形ABCDの4つの内角∠A，∠B，∠C，∠D の二等分線でつくられる四角形EFGHはどんな四角形になるか，答えなさい。また，そのことを証明しなさい。(17点)

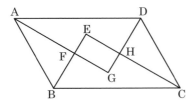

**5** 下の図の平行四辺形ABCD で，EF//ACとする。このとき，△ADE と面積の等しい三角形をすべて答えなさい。(17点)

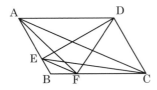

**6** △ABC の辺BC上に中点 M，線分MB上に点 P がある。△ABC の面積を2等分するような点 P を通る直線をひくには，どのようにすればよいか，根拠を示して説明しなさい。(18点)

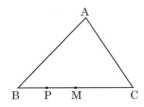

# 定期テスト予想問題

別冊解答 P.34

目標時間 **45**分 ／ 得点 **／100点**

**❶** 下の図の∠$x$ の大きさを求めなさい。（10点×4）

入試に出る! (1)

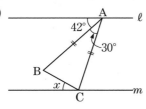

（福井県）

（$\ell // m$，AB = AC）

入試に出る! (2)

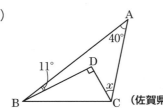

（佐賀県）

入試に出る! (3)

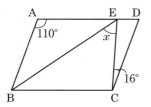

（秋田県）

（四角形ABCDは平行四辺形，AB = AE）

(4)

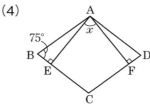

（四角形ABCDはひし形）

| (1) | | (2) | | (3) | | (4) | |
|-----|--|-----|--|-----|--|-----|--|
| | | | | | | | |

**❷** 下の図で，△ABC は AB＝AC の二等辺三角形である。∠ABC の二等分線と辺 AC との交点を P とし，CP＝CQ となるように辺 BC の延長線上に点 Q をとる。このとき，△PBQ が二等辺三角形になることを証明しなさい。（15点）

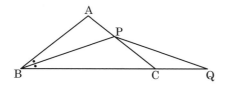

**❸** 下の図のように，平行四辺形ABCD の辺BC上に点P をとり，DC の延長と直線AP との交点を Q とする。A と C，B と Q，D と P を結ぶ。このとき，△DPC と△BPQ の面積が等しくなることを証明しなさい。（15点）

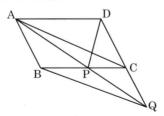

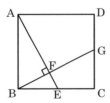

**❹** 下の図のように，正方形ABCD の辺BC 上に B と異なる点E をとる。B から線分 AE に垂線BF をひき，BF の延長と辺 CD との交点を G とする。このとき，△ABE≡△BCG であることを証明しなさい。（15点）　　　　　　（岩手県）

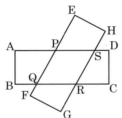

**❺** 下の図のように，合同な長方形ABCD と長方形FGHE を重ねると，四角形 PQRS はひし形になる。このことを証明しなさい。（15点）

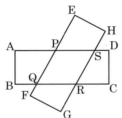

# 1 いろいろな確率

## STEP 1 要点チェック

テスト
1週間前
から確認!

### 1 確率の求め方

① あることがらの起こりやすさの程度を数で表したものを，そのことがらの起こる確率という。

② どの結果が起こることも同じ程度に期待できるとき，どの結果が起こることも同様に確からしいという。

③ ある実験または観察を行うとき，起こりうる結果が全部で $n$ 通りあり，そのどれが起こることも同様に確からしいとする。そのうち，ことがら A が起こるのが $a$ 通りであるとき，A の起こる確率 $p$ は

$$p = \frac{a}{n}$$ おぼえる!

**ポイント**
- あることがらの起こる確率を $p$ とすると，$p$ のとりうる値は，つねに $0 \leqq p \leqq 1$ の範囲にある。
- 必ず起こることがらの確率は 1
- 決して起こらないことがらの確率は 0

④ あることがらが起こる場合は樹形図や表などを使って数える。

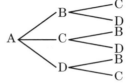

### 2 あることがらが起こらない確率

① 一般に，ことがら A について，次の関係が成り立つ。

（A の起こらない確率）＝ 1 －（A の起こる確率） おぼえる!

例 1つのさいころを投げるとき，6 の目が出ない確率を求める。

6 の目が出る確率は，$\frac{1}{6}$ なので，6 の目が出ない確率は，$1 - \frac{1}{6} = \frac{5}{6}$

例 大小 2 つのさいころを同時に投げるとき，出た目の数の和が 4 以上になる確率を求める。目の出方は 36 通りで，出た目の数の和が 3 以下になる確率を 1 からひけばよい。出た目の数の和が 3 以下になるのは（大，小）＝（1，1），（1，2），（2，1）のときなので，

$$1 - \frac{3}{36} = \frac{33}{36} = \frac{11}{12}$$

**よくでる** 起こらない確率

「～しない確率」「少なくとも～する確率」という問題では，（A の起こらない確率）＝ 1 －（A の起こる確率）を使って求めたほうがはやいことが多い!

---

テストの **要点** を書いて確認

別冊解答 P.35

① 6 本のうち，あたりが 2 本入っているくじがある。このくじを A が 1 本ひいたあと，残りの 5 本から B が 1 本ひく。このとき，A があたって B がはずれる確率を求めなさい。

〔　　　　　　　　〕

② 1 枚のコインを 4 回投げるとき，少なくとも 1 回は裏が出る確率を求めなさい。

〔　　　　　　　　〕

STEP
2

基本問題

テスト
5日前
から確認!

別冊解答 P.35

得点

／100点

1 ジョーカーを除く 1 組(52 枚)のトランプがある。このトランプの中から 1 枚をひくとき，次の確率を求めなさい。(10 点× 2)

(1) ひいたカードがダイヤの 7 である確率　[　　　　　]

(2) ひいたカードが絵札(11，12，13)である確率　[　　　　　]

2 10 本のうち，あたりくじが 2 本入っているくじがある。この中から 1 本のくじをひくとき，次の確率を求めなさい。(10 点× 2)

(1) あたりをひく確率　[　　　　　]

(2) はずれをひく確率　[　　　　　]

3 大小 2 つのさいころを同時に投げるとき，次の確率を求めなさい。ただし，それぞれのさいころのどの目が出ることも同様に確からしいとする。(10 点× 2)

(1) 出た目の数の和が 6 になる確率　[　　　　　]

(2) 出た目の数の積が 15 以上になる確率　[　　　　　]

4 3 枚のコインを同時に投げる。このとき，次の確率を求めなさい。ただし，それぞれのコインにおいて表と裏が出ることは同様に確からしいとする。(10 点× 2)

(1) 表が 1 枚，裏が 2 枚になる確率　[　　　　　]

(2) 少なくとも 1 枚は裏が出る確率　[　　　　　]

5 A，B，C，D の 4 人が横 1 列に並ぶとき，次の問いに答えなさい。
(10 点× 2)

(1) 並び方は全部で何通りか求めなさい。　[　　　　　]

(2) A と B がとなり合わせになるような確率を求めなさい。
[　　　　　]

1
(2) 絵札は全部で何枚か考えて求める。

2
(1) 起こりうる結果は全部で 10 通りあり，あたりをひく場合の数は全部で 2 通り。

3
表に整理して，和と積をかき込んで考える。
カギ さいころを 2 つ投げる問題では，表に表すと整理しやすい。

4
樹形図をかいて考える。
カギ 「少なくとも」ということばが書いてあったら，それが起こらない確率を考えよう。

5
樹形図をかいて整理して考える。
カギ 全部で何通りあるかを正確に数えよう。

**1** ジョーカーを除くトランプが 1 組(52 枚)ある。このトランプの中から 1 枚ひくとき，次の確率を求めなさい。(6 点× 2)

(1) ひいたカードの数字が 6 より大きい確率

(2) ひいたカードの数字が偶数である確率

| (1) | | (2) | |
|---|---|---|---|

**2** 袋に赤玉 5 個，白玉 4 個，青玉 1 個が入っている。この袋の中から玉を 1 個取り出すとき，次の確率を求めなさい。(6 点× 3)

(1) 取り出した玉が赤玉である確率

(2) 取り出した玉が青玉である確率

(3) 白玉を袋から取り除いたあと，玉を 1 個取り出すとき，その玉が赤玉である確率

| (1) | | (2) | | (3) | |
|---|---|---|---|---|---|

**3** 1 枚のコインを 2 回投げ，コインの出る面によって，次のようなルールで点数を決め，ゲームをした。

> ① 持ち点は 3 点でゲームを始める。
> ② 1 回目に表が出れば 2 点加点される。
> ③ 1 回目に裏が出れば 1 点減点される。
> ④ 2 回目に，1 回目と同じ面が出れば，3 点加点される。
> ⑤ 2 回目に，1 回目とちがう面が出れば，3 点減点される。

このとき，最終的な点数が最初の持ち点より小さくなる確率を求めなさい。(7 点)

**4** 数字 1, 3, 4, 8 の中から，3 個の数字を取り出して並べ，3 けたの整数をつくる。このとき，次の確率を求めなさい。(7 点× 2)

(1) 同じ数字を使わないとき，できる 3 けたの整数が奇数である確率

(2) 同じ数字を何回でも使ってよいとき，百の位の数字と一の位の数字が同じになる確率

| (1) | | (2) | |
|---|---|---|---|

**5** 次の確率を求めなさい。(7点×3)

(1) A と B の 2 人でじゃんけんを 1 回するとき，あいこになる確率

**よく
でる** (2) 袋の中に，白玉 3 個と赤玉 2 個が入っている。この袋の中から 2 個同時に取り出すとき，白玉 1 個，赤玉 1 個を取り出す確率

(3) 袋 A には 1，2 と書かれたカードがそれぞれ 1 枚ずつ計 2 枚，袋 B には 2，3，4 と書かれたカードがそれぞれ 1 枚ずつ計 3 枚入っている。袋 A，B それぞれから 1 枚ずつカードを取り出すとき，取り出した 2 枚のカードに書かれている数の和が 5 以上になる確率

| (1) | | (2) | | (3) | |
|-----|---|-----|---|-----|---|

**6** 大小 2 つのさいころを同時に投げるとき，大きいさいころの出た目の数を $x$，小さいさいころの出た目の数を $y$ とし，点 $A(x, y)$ を右の図に表す。また，点 $B(6, 0)$ とする。次の問いに答えなさい。(7点×2)

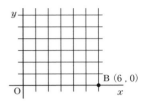

(1) △AOB の面積が 12 以上になる確率を求めなさい。

(2) △AOB が OA = AB または AB = OB の二等辺三角形になる確率を求めなさい。

| (1) | | (2) | |
|-----|---|-----|---|

**7** 右の図の正五角形 ABCDE において，それぞれの頂点を移動する点 P がある。点 P は，1 つのさいころを 2 回投げたとき，次の〔ルール〕に従って移動する。

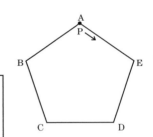

〔ルール〕

> ①右回りに出た目の数だけ頂点を移動して止まる。
> ②さいころを 1 回目に投げたときは頂点 A から，2 回目に投げたときは 1 回目に移動して止まった頂点から移動する。

2 回投げ終わったとき，点 P が頂点 D で止まる確率を求めなさい。(7点)

**8** 大小 2 つのさいころを同時に 1 回投げ，大きいさいころの出た目の数を $a$，小さいさいころの出た目の数を $b$ とする。1 辺の長さが 1cm の正方形 ABCD がある。点 P は頂点 A を出発し，左回りに $a$cm，点 Q は頂点 D を出発し，右回りに $b$cm，それぞれ正方形の辺上を移動する。このとき，2 点 P，Q が同じ頂点に止まる確率を求めなさい。(7点)

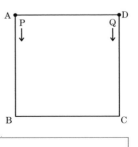

## 定期テスト予想問題

別冊解答 P.38

目標時間 **40**分

得点 ／100点

**❶** 大小2つのさいころを同時に投げるとき，次の確率を求めなさい。(8点×3)

(1) 出た目の数の和が7になる確率

(2) 出た目の数の和が5の倍数になる確率

(3) 出た目の数の積が24の約数になる確率

| (1) | | (2) | | (3) | |
|-----|--|-----|--|-----|--|

**❷** 次の確率を求めなさい。(8点×4)

(1) 1，2，3，4の数字が書かれたカードが1枚ずつ箱に入っている。この箱からカードを1枚ずつ3回続けて取り出し，取り出した順に左から並べて3けたの整数をつくるとき，その整数が偶数となる確率

(2) 袋の中に，赤，青，黄，白，黒の5個の玉が入っている。この中から2個の玉を同時に取り出すとき，取り出した玉のうちの1個が赤玉である確率

(3) 6本のうち，あたりが4本入っているくじがある。このくじから同時に2本ひくとき，1本があたりで1本がはずれである確率

(4) 袋の中に，白玉2個と黒玉3個が入っている。この中から玉を1個ずつ続けて2個取り出すとき，少なくとも1個は黒玉である確率

| (1) | | (2) | |
|-----|--|-----|--|
| (3) | | (4) | |

**❸** 点 P が数直線上の原点 O にある。1 枚のコインを投げて，表が出ると点 P は正の方向に 2 だけ進み，裏が出ると負の方向に 1 だけ進む。コインを 3 回投げたとき，点 P が原点 O にもどる確率を求めなさい。(8 点)

**❹** 次の確率を求めなさい。(9 点×3)

(1) 6 人の生徒 A，B，C，D，E，F がいる。これらの生徒から，くじびきで 2 人を選ぶとき，B が選ばれる確率 （栃木県）

(2) 昨年のある地区の吹奏楽コンクールに出場したのは 3 校で，演奏順は 1 番目が A 中学校，2 番目が B 中学校，3 番目が C 中学校だった。今年もこの 3 校だけが出場し，演奏順をくじびきで決めるとき，今年の演奏順が，どの中学校も昨年の演奏順と同じにならない確率 （宮城県）

(3) 数字 1，2，3 を書いたカードがそれぞれ 2 枚ずつある。この 6 枚のカードをよくきって，1 枚ずつ 2 枚続けて取り出す。1 回目に取り出したカードに書かれている数を $a$，2 回目に取り出したカードに書かれている数を $b$ とする。このとき，$a + 2b = 5$ となる確率

| (1) | | (2) | | (3) | |
|-----|--|-----|--|-----|--|

**❺** A さんは，次のきまりに従ってゲームをする。2 つのさいころを同時に投げるとき，A さんの得点が奇数である確率を求めなさい。(9 点) （大阪府）

> きまり：2 つのさいころを同時に投げるとき，2 つのさいころの出た目の数が異なる場合は大きいほうの目の数を得点とし，2 つのさいころの出た目の数が等しい場合はその出た目の数を得点とする。

# ① 四分位範囲・箱ひげ図

テストがある日

月　日

## STEP 1 要点チェック

テスト 1週間前 から確認!

### 1 四分位範囲

① 四分位数：すべてのデータを小さい順に並べ，4等分したときの3つの区切りの値。

　　　値の**小さいほうの半分の中央値**を第1四分位数，値の**大きいほうの半分の中央値**を第3四分位数，データの中央値を第2四分位数という。

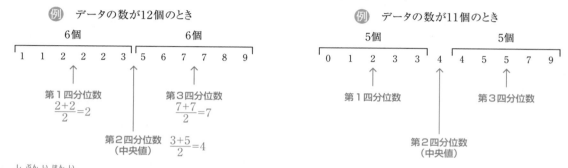

例　データの数が12個のとき

6個　　　　　　　　6個

1　1　2　2　2　3　5　6　7　7　8　9

第1四分位数 $\dfrac{2+2}{2}=2$

第3四分位数 $\dfrac{7+7}{2}=7$

第2四分位数（中央値）$\dfrac{3+5}{2}=4$

例　データの数が11個のとき

5個　　　　　　　　5個

0　1　2　3　3　4　4　5　5　7　9

第1四分位数

第3四分位数

第2四分位数（中央値）

② 四分位範囲：第3四分位数から第1四分位数をひいた値。

　　　（四分位範囲）＝（第3四分位数）－（第1四分位数）

### 2 箱ひげ図

① 箱ひげ図：データの分布のようすを，長方形の箱とひげを用いて1つの図に表したもの。

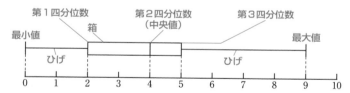

第1四分位数　箱　第2四分位数（中央値）　第3四分位数

最小値　ひげ　　　　　　　　ひげ　　最大値

0　1　2　3　4　5　6　7　8　9　10

---

### テストの **要点** を書いて確認

別冊解答 P.39

① 右のデータは10人のゲームの得点を調べたものである。次の問いに答えなさい。

ゲームの得点（点）

| 1 | 2 | 2 | 3 | 5 |
|---|---|---|---|---|
| 5 | 7 | 8 | 8 | 10 |

(1) 第1四分位数，第2四分位数，第3四分位数，四分位範囲をそれぞれ求めなさい。

　　　第1四分位数〔　　　　　　　〕　第2四分位数〔　　　　　　　〕
　　　第3四分位数〔　　　　　　　〕　四分位範囲　〔　　　　　　　〕

(2) データを箱ひげ図に表しなさい。

0　1　2　3　4　5　6　7　8　9　10(点)

**1** 次の ☐ にあてはまる用語を答えなさい。(5点×5)

(1) すべてのデータを小さい順に並べ，4等分したときの3つの区切りの値を ☐ という。 [ ]

(2) 値の小さいほうの半分の中央値を ① ，値の大きいほうの半分の中央値を ② ，データの中央値を ③ という。

[ ① ] [ ② ] [ ③ ]

(3) 第3四分位数から第1四分位数をひいた値を ☐ という。 [ ]

**2** 下の箱ひげ図について，次の問いに答えなさい。(10点×3)

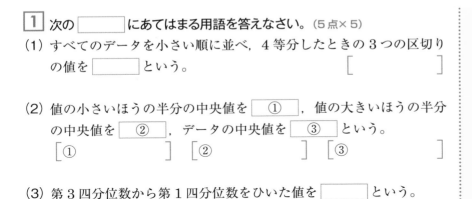

(1) 第1四分位数を求めなさい。 [ ]
(2) 第2四分位数を求めなさい。 [ ]
(3) 四分位範囲を求めなさい。 [ ]

**3** 下の表は，12人の生徒が1か月に借りた本の冊数をまとめたものである。あとの問いに答えなさい。(10点×3)

借りた本の冊数（冊）

| | | | | | |
|---|---|---|---|---|---|
| 5 | 2 | 0 | 12 | 4 | 3 |
| 4 | 5 | 8 | 2 | 1 | 7 |

(1) 第1四分位数を求めなさい。 [ ]
(2) 第3四分位数を求めなさい。 [ ]
(3) 四分位範囲を求めなさい。 [ ]

**4** **3**のデータについて，箱ひげ図に表しなさい。(15点)

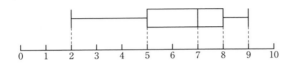

---

② 箱の左端が第1四分位数，箱の中の線のところが第2四分位数。

🔑カギ 箱ひげ図のどこが四分位数なのかをしっかりと覚えておくこと。

③ 冊数の少ない順に並べかえて考える。

🔑カギ 四分位数を答えるときは，2つの値の平均値をとらなければならないときがあるので注意すること。

④ 最小値，最大値，四分位数がそれぞれいくつなのかを求めてからかく。

第**7**章
**1** 四分位範囲・箱ひげ図

75

# 得点アップ問題

**1** 右の表は，**A** 組の **15** 人の生徒の，ハンドボール
投げの記録をまとめたものである。次の問いに
答えなさい。(6 点× 4)

ハンドボール投げの記録（m）

| 18 | 19 | 25 | 26 | 21 |
|----|----|----|----|----|
| 18 | 22 | 24 | 27 | 19 |
| 17 | 16 | 23 | 24 | 23 |

（1）第 1 四分位数を求めなさい。

（2）第 2 四分位数を求めなさい。

（3）第 3 四分位数を求めなさい。

（4）四分位範囲を求めなさい。

| (1) |  | (2) |  |
|-----|--|-----|--|
| (3) |  | (4) |  |

**2** 下の図は，**B** 組の生徒のハンドボール投げの記録を箱ひげ図に表したものである。あとの問い
に答えなさい。(6 点× 4)

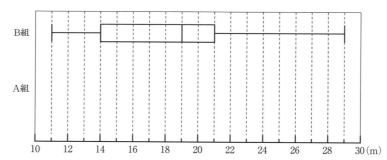

（1）B 組のデータの範囲を求めなさい。

（2）B 組のデータの四分位範囲を求めなさい。

（3）**1** の A 組のデータについて，箱ひげ図を上の図にかき入れなさい。

（4）A 組と B 組の箱ひげ図から読みとれることとして正しいものをすべて選びなさい。

① A 組よりも B 組のほうが生徒の人数が多い。

② A 組よりも B 組のほうが記録の散らばりが大きい。

③ B 組の半分以上の生徒の記録は 20m 以下である。

④ B 組で，14m 未満の生徒の人数は，21m 以上の生徒の半分以下である。

| (1) |  | (2) |  |
|-----|--|-----|--|
| (3) | 上の図にかきなさい。 | (4) |  |

**3** ある学校の2年1組35人の長座体前屈の記録をまとめたところ，最大値は58cm，最小値は24cm，第1四分位数は33cm，第2四分位数は38cm，第3四分位数は44cmであった。これについて，次の問いに答えなさい。(6点×4)

(1) データの範囲を求めなさい。

(2) 四分位範囲を求めなさい。

(3) 記録が48cmの生徒は少なくとも上位何人の中に入っているといえますか。

(4) 次のア〜エのうち，このデータからはわからないものをすべて選び，記号で答えなさい。

    ア　記録が長いほうから数えて18番目の生徒の記録

    イ　記録が40cmの生徒がクラスの平均以上であること

    ウ　記録が28cmの生徒は下位9人に入っていること

    エ　記録が58cmの生徒が1人であること

| (1) | | (2) | |
|---|---|---|---|
| (3) | | (4) | |

**4** 下の図は，ある学校の2年生が受けた数学のテストの結果をクラス別に箱ひげ図にまとめたものである。どのクラスの人数も30人である。この箱ひげ図から読みとれることとしてあとの(1)〜(4)は正しいといえますか。正しければア，正しくなければイ，このデータからはわからなければウと答えなさい。(7点×4)

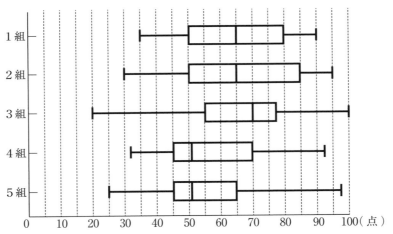

(1) 最高得点が最も低いクラスは1組である。

(2) 3組の最高得点と最低得点との差は70点である。

(3) 平均点が最も高いクラスは2組である。

(4) 4組で74点の生徒は4組の中で上位10人の中に入っている。

| (1) | | (2) | |
|---|---|---|---|
| (3) | | (4) | |

# 定期テスト予想問題

別冊解答 P.40

| 目標時間 | 得点 |
|---|---|
| **40**分 | ／100点 |

**❶** 下の表は，生徒 25 人の握力を調べ，その結果をまとめたものである。あとの問いに答えなさい。((1)，(2)6点×2　(3)8点)

| 20, 29, 38, 23, 30, 31, 33, 27, 22, 28, 37, 28, 29, |
|---|
| 27, 19, 30, 35, 41, 33, 24, 26, 34, 24, 39, 29　　(kg) |

(1) このデータの範囲を求めなさい。

(2) このデータの四分位範囲を求めなさい。

(3) このデータについて箱ひげ図に表しなさい。

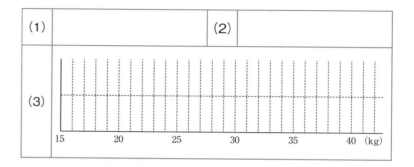

**❷** 右の図は，生徒 23 人の 1 週間の家庭学習の時間を調べ，箱ひげ図にまとめたものである。次の問いに答えなさい。

(5点×4)

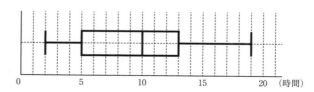

(1) このデータの範囲を求めなさい。

(2) このデータの第 1 四分位数を求めなさい。

(3) このデータの第 3 四分位数を求めなさい。

(4) この箱ひげ図について，次の**ア〜ウ**から正しいものを 1 つ選び，記号で答えなさい。

　　**ア**　少なくとも半分以上の生徒は 9 時間以上学習をしている。

　　**イ**　学習時間が最も多かった生徒と最も少なかった生徒の差は 8 時間である。

　　**ウ**　23 人の学習時間の平均は 10 時間である。

| (1) | | (2) | |
|---|---|---|---|
| (3) | | (4) | |

❸ 下の表は，生徒 **30** 人の **50m** 走の記録をまとめたものである。下のデータを箱ひげ図にまとめる方法を，あとのように示した。 ◻ にあてはまる数を答えなさい。(6 点× 7)

8.6，9.8，8.8，7.7，9.3，8.0，7.9，8.0，8.1，7.5，8.2，8.3，6.6，10.4，9.7，
8.4，8.5，8.9，9.0，7.2，9.1，8.3，9.1，10.8，9.4，9.6，10.2，10.0，10.6，8.4
(秒)

①タイムの速い順に並べる。
②クラスの人数が 30 人だから，
　第 1 四分位数は速いほうから数えて 　(1)　 番目の人の記録だから， 　(2)　 秒
　第 2 四分位数は速いほうから数えて 　(3)　 番目の記録と 　(4)　 番目の記録の平均だから， 　(5)　 秒
　第 3 四分位数は速いほうから数えて 　(6)　 番目の人の記録だから， 　(7)　 秒

| (1) | | (2) | | (3) | |
|---|---|---|---|---|---|
| (4) | | (5) | | (6) | |
| (7) | | | | | |

❹ 下のア〜ウの箱ひげ図のうち，あとの(1)〜(3)のヒストグラムに対応するものをそれぞれ選び，記号で答えなさい。(6 点× 3)

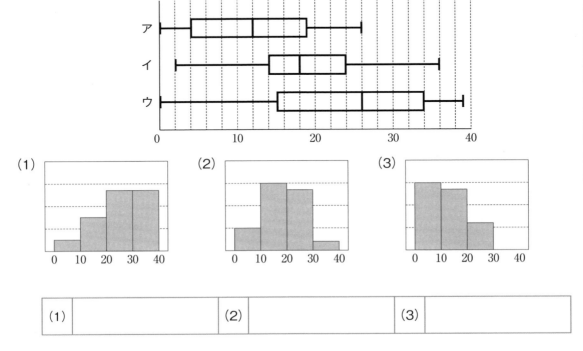

| (1) | | (2) | | (3) | |
|---|---|---|---|---|---|

# 1 式の計算①

## STEP 1 要点チェック

### テストの **要点** を書いて確認　　本冊 P.6

① 2次式

② (1) $6x-y$　(2) $32a-12b$

## STEP 2 基本問題　　本冊 P.7

**1** (1) $5a$, $2b$, $3$　(2) $x^2$, $2xy$, $-y^2$

**2** (1) 2　(2) 1　(3) 3　(4) 4

**3** (1) $-4a$　(2) $-8x-2$　(3) $3a-6b$

　　(4) $11xy-2y$　(5) $3a^2-8a$　(6) $x^2-4x^2y+xy$

**4** (1) $6x+y$　(2) $4a^2-7b$　(3) $-2a+10b$

　　(4) $6x^2-8x$

**5** (1) $6x+8y$　(2) $-15a-24$　(3) $6x+\dfrac{5}{2}$

　　(4) $-2a+4b-1$　(5) $4x-3y$

　　(6) $-a-3ab+2b$

### 解説

**2** (1) $4xy=4\times x\times y$ より，文字が2個かけられている。

(3) $3xy^2+2xy-4y$

$=3\times x\times y\times y+2\times x\times y-4\times y$

より，最も多くの文字がかけられているのは，

$3xy^2$

(4) $a^2b^2-a^2b+ab^2-ab$

$=a\times a\times b\times b-a\times a\times b+a\times b\times b-a\times b$

より，最も多くの文字がかけられているのは，$a^2b^2$

**3** (3) $\underline{a}-5b+\underline{2a}-b$

$=\underline{a+2a}\,\underline{-5b-b}$

$=3a-6b$

(4) $\underline{4xy}-5y+\underline{7xy}+3y$

$=\underline{4xy+7xy}-5y+3y$

$=11xy-2y$

(5) $\underline{a^2}-5a+\underline{2a^2}-3a$

$=\underline{a^2+2a^2}-5a-3a$

$=3a^2-8a$

$a^2$ と $a$ は同類項ではないことに注意する。

(6) $\underline{2x^2}-x^2y+\underline{xy}-3x^2y-x^2$

$=\underline{2x^2-x^2}\,\underline{-x^2y-3x^2y}+\underline{xy}$

$=x^2-4x^2y+xy$

**4** (1) $(2x+3y)+(4x-2y)$

$=2x+3y+4x-2y$

$=2x+4x+3y-2y$

$=6x+y$

(2) $(3a^2-5b)+(a^2-2b)$

$=3a^2-5b+a^2-2b$

$=3a^2+a^2-5b-2b$

$=4a^2-7b$

(3) $(3a+7b)-(5a-3b)$

$=3a+7b-5a+3b$

$=3a-5a+7b+3b$

$=-2a+10b$

(4) $(8x^2-3x)-(5x+2x^2)$

$=8x^2-3x-5x-2x^2$

$=8x^2-2x^2-3x-5x$

$=6x^2-8x$

**5** (1) $2(3x+4y)$

$=2\times3x+2\times4y$

$=6x+8y$

(2) $(5a+8)\times(-3)$

$=5a\times(-3)+8\times(-3)$

$=-15a-24$

(3) $4\left(\dfrac{3}{2}x+\dfrac{5}{8}\right)=4\times\dfrac{3}{2}x+4\times\dfrac{5}{8}$

$=6x+\dfrac{5}{2}$

(4) $-\dfrac{1}{6}(12a-24b+6)$

$=-\dfrac{1}{6}\times12a+\left(-\dfrac{1}{6}\right)\times(-24b)+\left(-\dfrac{1}{6}\right)\times6$

$=-2a+4b-1$

(5) $(16x-12y)\div4$

$=(16x-12y)\times\dfrac{1}{4}$

$=\dfrac{16x}{4}-\dfrac{12y}{4}$

$=4x-3y$

(6) $(4a+12ab-8b)\div(-4)$

$=(4a+12ab-8b)\times\left(-\dfrac{1}{4}\right)$

$=-\dfrac{4a}{4}-\dfrac{12ab}{4}+\dfrac{8b}{4}$

$=-a-3ab+2b$

## STEP 3 得点アップ問題　　本冊 P.8

**1** (1) **イ，エ**　(2) **ア** $2x$, $4$　**ウ** $x^2$, $-4x$, $4$

**オ** $\dfrac{2}{5}x$, $-y$

**2** **ア** 1次式　**イ** 1次式　**ウ** 2次式　**エ** 2次式

**オ** 1次式　**カ** 2次式　**キ** 2次式　**ク** 3次式

**ケ** 5次式

**3** (1) $6x$　(2) $3x-y-3$　(3) $3a-b$

　　(4) $-ab^2+a^2b$

**4** (1) $5x-6y$　(2) $6x^2+3x-11$　(3) $12m-n$

(4) $a^2+3a-2$ 　(5) $5x-2y+14$

(6) $-5x^2+5x+5$ 　(7) $12x^2+16x+20$

(8) $10x+12y$ 　(9) $6a^2+2b-12$ 　(10) $12a-8b$

**5** (1) 和 $5a-4b$ 　差 $3a+16b$

(2) 和 $-x-6y$ 　差 $5x-8y$

**6** (1) $3x-y-5$ 　(2) $-a+5b-ab$

**解 説**

**2** ク 最も次数の大きい項は，$3xyz$
ケ 最も次数の大きい項は，$2a^3b^2$

**3** (1) $4x-(-2x)$
$=4x+2x$
$=6x$

(2) $3x-2y+y-3$
$=3x-y-3$

(3) $4a-2b-a+b$
$=4a-a-2b+b$
$=3a-b$

(4) $2a^2b^2+3ab^2-5a^2b-4ab^2+6a^2b-2a^2b^2$
$=2a^2b^2-2a^2b^2+3ab^2-4ab^2-5a^2b+6a^2b$
$=-ab^2+a^2b$

**ミス注意！**

(4) $a^2b^2$，$ab^2$，$a^2b$ はすべて同類項ではない。

**4** (1) $(2x-5y)+(3x-y)$
$=2x-5y+3x-y$
$=2x+3x-5y-y$
$=5x-6y$

(2) $(x^2+3x-4)+(5x^2-7)$
$=x^2+3x-4+5x^2-7$
$=x^2+5x^2+3x-4-7$
$=6x^2+3x-11$

(3) $(5m-3n)-(-2n-7m)$
$=5m-3n+2n+7m$
$=5m+7m-3n+2n$
$=12m-n$

(4) $(3a^2-a)-(2a^2-4a+2)$
$=3a^2-a-2a^2+4a-2$
$=a^2+3a-2$

(5) 上下にそろっている同類項どうしを，各項の符号に注意して計算する。
$3x+2x=5x$
$-5y+3y=-2y$
$3+11=14$
よって，$5x-2y+14$

(6) $-x^2-4x^2=-5x^2$
$2x-(-3x)=5x$
$-6-(-11)=5$
よって，$-5x^2+5x+5$

(8) $\left(\dfrac{5}{8}x+\dfrac{3}{4}y\right)\times16=\dfrac{5}{8}x\times16+\dfrac{3}{4}y\times16$
$=10x+12y$

(9) $(36a^2+12b-72)\div6$
$=(36a^2+12b-72)\times\dfrac{1}{6}$
$=\dfrac{36a^2}{6}+\dfrac{12b}{6}-\dfrac{72}{6}$
$=6a^2+2b-12$

(10) わる数が分数のときは，**逆数のかけ算**になおす。

$(9a-6b)\div\dfrac{3}{4}$
$=(9a-6b)\times\dfrac{4}{3}$
$=9a\times\dfrac{4}{3}-6b\times\dfrac{4}{3}$
$=12a-8b$

**5** **ミス注意！**

式と式の計算をするとき，特に差を求める場合は，式にかっこをつけて計算する。

(1) 和は，
$(4a+6b)+(a-10b)=4a+6b+a-10b$
$=5a-4b$
差は，
$(4a+6b)-(a-10b)=4a+6b-a+10b$
$=3a+16b$

(2) 和は，
$(2x-7y)+(-3x+y)=2x-7y-3x+y$
$=-x-6y$
差は，
$(2x-7y)-(-3x+y)=2x-7y+3x-y$
$=5x-8y$

**6** (1) 求める式をAとすると，
$(-5x+2y)+A=-2x+y-5$
$A=(-2x+y-5)-(-5x+2y)$
$=-2x+y-5+5x-2y$
$=3x-y-5$

(2) 求める式をBとすると，
$(2a+3b+4)-B=3a-2b+ab+4$
$B=(2a+3b+4)-(3a-2b+ab+4)$
$=2a+3b+4-3a+2b-ab-4$
$=-a+5b-ab$

# 2 式の計算②・文字式の利用

STEP 1 要点チェック

## テストの要点を書いて確認　　本冊 P.10

① (1) $15a^3b$　(2) $3x^2y$

② 8

STEP 2 基本問題　　本冊 P.11

$\boxed{1}$　(1) $6x$　(2) $3x$

(3) $\dfrac{17a-3b}{12}$ $\left(\dfrac{17}{12}a-\dfrac{1}{4}b\right)$

(4) $\dfrac{6x-3y}{4}$ $\left(\dfrac{3}{2}x-\dfrac{3}{4}y\right)$

$\boxed{2}$　(1) $-10x^2y$　(2) $-4y$　(3) $32xy$

$\boxed{3}$　$-11$

$\boxed{4}$　$n$を整数とすると，3つの続いた奇数は，$2n+1$，

$2n+3$，$2n+5$と表せる。

$(2n+1)+(2n+3)+(2n+5)=6n+9=3(2n+3)$

$2n+3$は整数だから，$3(2n+3)$は3の倍数である。

よって，3つの続いた奇数の和は3の倍数になる。

$\boxed{5}$　(1) $b=a-c$　(2) $b=-a+2m$

### 解説

$\boxed{1}$　(1) $-2(x+10y)-4(-2x-5y)$

$=\underline{-2x-20y}\,\underline{+8x+20y}$

$=6x$

#### ミス注意！

かっこの前にマイナスがあるときは特に注意が
必要。
うしろの項にかけるのを忘れて
　$-2(x+10y)=-2x+10y$
としたり，符号を変えるのを忘れて
　$-4(-2x-5y)=8x-20y$
としないように。

(2) $\dfrac{1}{2}(4x-6y)+\dfrac{1}{3}(3x+9y)=\underline{2x-3y}\,\underline{+x+3y}$

$=3x$

(3) $\dfrac{3a-5b}{4}+\dfrac{2a+3b}{3}$

$=\dfrac{3(3a-5b)+4(2a+3b)}{12}$

$=\dfrac{9a-15b+8a+12b}{12}$

$=\dfrac{17a-3b}{12}$

(4) $\dfrac{5x-3y}{2}-\dfrac{4x-3y}{4}$

$=\dfrac{2(5x-3y)-(4x-3y)}{4}$

$=\dfrac{10x-6y-4x+3y}{4}$

$=\dfrac{6x-3y}{4}$

$\boxed{2}$　(1) $2xy\times(-5x)$

$=2\times x\times y\times(-5)\times x$

$=2\times(-5)\times x\times x\times y$

$=-10x^2y$

(2) $12y^2\div(-3y)$

$=-\dfrac{12y^2}{3y}$

$=-4y$

(3) $8xy^2\div\dfrac{y}{4}=8xy^2\times\dfrac{4}{y}$

$=\dfrac{8\times x\times y\times y\times4}{y}$

$=32xy$

$\boxed{3}$　先に式を計算して，**簡単にしてから数を代入する。**

$3(x-2y)-4(2x-y)=3x-6y-8x+4y$

$=-5x-2y$

この式に，$x=3$，$y=-2$を代入して，

$-5\times3-2\times(-2)=-15+4$

$=-11$

$\boxed{4}$　$n$を整数として，3つの続いた奇数を，

$2n+1$，$2n+3$，$2n+5$

と表す。

$2n-1$，$2n+1$，$2n+3$

などとしてもよい。

$\boxed{5}$　(1) 左辺と右辺を入れかえると，$b+c=a$

$c$を右辺に移項すると，$b=a-c$

(2) 左辺と右辺を入れかえると，$\dfrac{a+b}{2}=m$

両辺に2をかけると，$a+b=2m$

$a$を右辺に移項すると，$b=-a+2m$

STEP 3 得点アップ問題　　本冊 P.12

$\boxed{1}$　(1) $26x-23y$　(2) $\dfrac{3}{2}a+\dfrac{7}{10}b$

(3) $\dfrac{9x-22y}{15}$ $\left(\dfrac{3}{5}x-\dfrac{22}{15}y\right)$　(4) $\dfrac{1}{6}a+\dfrac{3}{2}b$

$\boxed{2}$　(1) $4xy^3$　(2) $-\dfrac{4x}{3y}$　(3) $12xy^3$

(4) $-8x^2$

$\boxed{3}$　(1) 27　(2) $\dfrac{1}{3}$

$\boxed{4}$　$n$を整数とすると，連続する4つの奇数は，$2n+1$，

$2n+3$，$2n+5$，$2n+7$と表せる。

$(2n+1)+(2n+3)+(2n+5)+(2n+7)$

$=8n+16$

$=8(n+2)$

$n+2$は整数だから，$8(n+2)$は8の倍数である。

よって，連続する4つの奇数の和は8の倍数になる。

$\boxed{5}$　まん中の数を$n$とすると，縦3つの数は$n-7$，$n$，

$n+7$，横3つの数は$n-1$，$n$，$n+1$と表せる。

縦3つの数の和は，

$(n-7)+n+(n+7)=3n$

横3つの数の和は，

$(n-1)+n+(n+1)=3n$

よって，どの5つの数を囲んでも，縦3つの数の和と

横3つの数の和は等しい。

**6** (1) $h = \dfrac{6V}{ab}$ (2) $x = \dfrac{3y-2}{5}$ (3) $b = \dfrac{c-7a}{5}$

**7** (1) $S = \dfrac{ah}{2}$, $a = \dfrac{2S}{h}$ (2) $V = \dfrac{\pi ar^2}{3}$, $a = \dfrac{3V}{\pi r^2}$

**解説**

**1** (1) $3(2x-5y)-4(2y-5x)$
$= 6x-15y-8y+20x$
$= 26x-23y$

(2) $0.3(a+b)+\dfrac{2}{5}(3a+b)$

$= 0.3a+0.3b+\dfrac{6}{5}a+\dfrac{2}{5}b$

$= \dfrac{3}{10}a+\dfrac{3}{10}b+\dfrac{12}{10}a+\dfrac{4}{10}b$

$= \dfrac{15}{10}a+\dfrac{7}{10}b$

$= \dfrac{3}{2}a+\dfrac{7}{10}b$

(3) $\dfrac{3x-5y}{3}-\dfrac{2x-y}{5}$

$= \dfrac{5(3x-5y)-3(2x-y)}{15}$

$= \dfrac{15x-25y-6x+3y}{15}$

$= \dfrac{9x-22y}{15}$

(4) $\dfrac{1}{2}(a+b)-\left(\dfrac{1}{3}a-b\right)$

$= \dfrac{1}{2}a+\dfrac{1}{2}b-\dfrac{1}{3}a+b$

$= \dfrac{3}{6}a-\dfrac{2}{6}a+\dfrac{1}{2}b+\dfrac{2}{2}b$

$= \dfrac{1}{6}a+\dfrac{3}{2}b$

**ミス注意!**

小数・分数をふくむ式の計算では，方程式のように10倍して小数点を消してしまったり，分母の最小公倍数をかけて分母をはらってしまったりしないように注意する。

**2** (1) $8x^2y^2 \div 4x \times 2y = \dfrac{8x^2y^2 \times 2y}{4x}$
$= 4xy^3$

(2) プラスとマイナスが混じった単項式の乗除の問題では，まず答えがプラスになるかマイナスになるかを考える。式の中にマイナスが**奇数個**ならば答えは**マイナス**，マイナスが**偶数個**ならば答えは**プラス**となる。

$24x^2y \div (-3xy) \div 6y$

$= 24x^2y \times \left(-\dfrac{1}{3xy}\right) \times \dfrac{1}{6y}$

$= -\dfrac{24x^2y}{3xy \times 6y}$

$= -\dfrac{4x}{3y}$ ←式にマイナスが1個＝奇数個あるので，答えはマイナス

(3) $64x^2y^3 \div (-16x^2y) \times (-3xy)$

$= 64x^2y^3 \times \left(-\dfrac{1}{16x^2y}\right) \times (-3xy)$

$= \dfrac{64x^2y^3 \times 3xy}{16x^2y}$

$= 12xy^3$ ←式にマイナスが2個＝偶数個あるので，答えはプラス

(4) $-8xy \times (-2x) \div (-2y)$

$= -8xy \times (-2x) \times \left(-\dfrac{1}{2y}\right)$

$= -\dfrac{8xy \times 2x}{2y}$

$= -8x^2$

**3** 先に式を計算して，**簡単にしてから数を代入する。**

(1) $12xy^2 \times (-3xy) \div 4xy$

$= -\dfrac{12xy^2 \times 3xy}{4xy}$

$= -9xy^2$

この式に，$x = -\dfrac{1}{3}$, $y = -3$を代入して，

$-9 \times \left(-\dfrac{1}{3}\right) \times (-3)^2 = -9 \times \left(-\dfrac{1}{3}\right) \times 9$

$= 27$

(2) $x - \dfrac{3x+y}{6} = \dfrac{6x-(3x+y)}{6}$

$= \dfrac{6x-3x-y}{6}$

$= \dfrac{3x-y}{6}$

$x = -\dfrac{1}{3}$, $y = -3$を$3x-y$に代入すると，

$3 \times \left(-\dfrac{1}{3}\right) - (-3) = -1+3 = 2$

よって，$\dfrac{2}{6} = \dfrac{1}{3}$

**5** まん中の数を$n$とすると，5つの数は右の図のように表される。

**6** 左辺と右辺をそのまま交換したり移項したりして，〔 〕内の文字をふくむ項を**左辺に移す。**

(1) $V = \dfrac{1}{6}abh$

$\dfrac{1}{6}abh = V$

$abh = 6V$

$h = \dfrac{6V}{ab}$

(2) $y = \dfrac{5x+2}{3}$

$\dfrac{5x+2}{3} = y$

$5x+2 = 3y$

$5x = 3y-2$

$x = \dfrac{3y-2}{5}$

(3) $c = 3(a+b)+2(2a+b)$
$c = 3a+3b+4a+2b$
$c = 7a+5b$
$7a+5b = c$
$5b = c-7a$
$b = \dfrac{c-7a}{5}$

**7** (1) 三角形の面積は，$\dfrac{1}{2} \times$底辺$\times$高さで求められる

ので, $S = \dfrac{1}{2} \times a \times h$ より, $S = \dfrac{ah}{2}$

この式を, $a$ について解くと,

$$S = \dfrac{ah}{2}$$

$$\dfrac{ah}{2} = S$$

$$ah = 2S$$

$$a = \dfrac{2S}{h}$$

(2) 円錐の体積は, $\dfrac{1}{3} \times$ 底面積 $\times$ 高さ で求められる

ので, $V = \dfrac{1}{3} \times \pi \times r^2 \times a = \dfrac{\pi a r^2}{3}$

この式を, $a$ について解くと,

$$V = \dfrac{\pi a r^2}{3}$$

$$\dfrac{\pi a r^2}{3} = V$$

$$\pi a r^2 = 3V$$

$$a = \dfrac{3V}{\pi r^2}$$

❶ (1) ア 多項式　イ 多項式　ウ 単項式　エ 多項式
　　オ 単項式

　(2) ア 1, イ 3, エ 2

❷ (1) $5a - 9b$　(2) $-a^2 + 4a$　(3) $2a$　(4) $3a$

　(5) $2a - 5b$　(6) $7a + 3b$　(7) $\dfrac{a - 5b}{10} \left( \dfrac{a}{10} - \dfrac{b}{2} \right)$

　(8) $3x$

❸ 24

❹ $x + 8y - 3$

❺ (1) $100a + 10b + c$

　(2) もとの3けたの自然数の百の位を $a$, 十の位を $b$,
　一の位を $c$ とおき, $a$ は $c$ より大きいものとする。
　このとき, もとの3けたの自然数は $100a + 10b + c$
　と表せる。
　この自然数の百の位の数字と一の位の数字を入れかえ
　た数は, $100c + 10b + a$ と表せる。
　　$(100a + 10b + c) - (100c + 10b + a) = 99a - 99c$
　　　　　　　　　　　　　　　　　　　 $= 99(a - c)$
　$a - c$ は自然数なので, $99(a - c)$ は99の倍数である。
　よって, 百の位の数が一の位の数より大きい3けたの
　自然数から, その数の百の位の数字と一の位の数字を
　入れかえてできる数をひくと, その差は99の倍数に
　なる。

❻ (1) $b = \dfrac{3a - 6}{2} \left( b = \dfrac{3}{2}a - 3 \right)$　(2) $a = \dfrac{2S}{h} - b$

　(3) $a = -2b + c$　(4) $a = \dfrac{7m - 3b}{4}$

**解　説**

❶ (1) ウ $-x = -1 \times x$
　　オ $3ab = 3 \times a \times b$
　　この2つは, 乗法だけでつくられている式なので, 単
　　項式といえる。
　　(2) ア $2 + x$ の項は, 2, $x$ の2つ。このうち, 2は数だ
　　けの項, $x$ は次数が1なので, この式の次数は1
　　イ $a^3 + 2abc - bc = a \times a \times a + 2 \times a \times b \times c - b \times c$
　　より, 文字が3つかけられている項があるので, 次数は3
　　エ $\dfrac{3x - xy + y}{4} = \dfrac{3}{4}x - \dfrac{1}{4}xy + \dfrac{1}{4}y$

　　　　　　　　　　$= \dfrac{3}{4} \times x - \dfrac{1}{4} \times x \times y + \dfrac{1}{4} \times y$

　　より, 文字が2つかけられている項があるので,
　　次数は2

❷ (1) $3a - 4b + 2a - 5b$
　　　$= 3a + 2a - 4b - 5b$
　　　$= 5a - 9b$
　　(2) $a^2 + 3a - 2a^2 + a = -a^2 + 4a$
　　(4) $15a^2 b \div 5ab = \dfrac{15a^2 b}{5ab}$

　　　　　　　　　　　 $= 3a$

5

(5) $6\left(\dfrac{a}{3}-\dfrac{5}{6}b\right)=6\times\dfrac{a}{3}-6\times\dfrac{5}{6}b$

$\qquad\qquad\qquad\qquad = 2a-5b$

(6) $3(3a-b)-2(a-3b)$

$\quad = 9a-3b-2a+6b$

$\quad = 7a+3b$

(7) $\dfrac{a-3b}{5}-\dfrac{a-b}{10}=\dfrac{2(a-3b)-(a-b)}{10}$

$\qquad\qquad\qquad\quad =\dfrac{2a-6b-a+b}{10}$

$\qquad\qquad\qquad\quad =\dfrac{a-5b}{10}$

(8) $(-3x)^2\times y\div 3xy=9x^2\times y\div 3xy$

$\qquad\qquad\qquad\qquad =\dfrac{9x^2\times y}{3xy}$

$\qquad\qquad\qquad\qquad =3x$

❸ そのまま代入するのではなく，まずは，式を計算して**簡単にする。**

$3xy^2\times(-2y)\div 8x^2y=-\dfrac{3xy^2\times 2y}{8x^2y}$

$\qquad\qquad\qquad\qquad\quad =-\dfrac{3y^2}{4x}$

$x=-\dfrac{1}{2},\ y=4$ より，

$\quad 3y^2=3\times 4^2=48$

$\quad 4x=4\times\left(-\dfrac{1}{2}\right)=-2$

よって，$-\dfrac{3y^2}{4x}=-\dfrac{48}{-2}=24$

❹ そのまま代入するのではなく，まずは，式を計算して**簡単にする。**

$\quad 2A-3B-A+5B=A+2B$

この式に，$A=3x+2y+5$，$B=-x+3y-4$を代入して，

$\quad (3x+2y+5)+2(-x+3y-4)$

$=3x+2y+5-2x+6y-8$

$=x+8y-3$

❻ 左辺と右辺をそのまま交換したり移項したりして，〔　〕内の文字をふくむ項を**左辺に移す。**

(1) $3a-2b=6$

$\qquad -2b=-3a+6$

$\qquad\ \ 2b=3a-6$

$\qquad\quad b=\dfrac{3a-6}{2}$

(2) $\qquad S=\dfrac{1}{2}(a+b)h$

$\dfrac{1}{2}(a+b)h=S$

$\quad h(a+b)=2S$

$\qquad a+b=\dfrac{2S}{h}$

$\qquad\quad a=\dfrac{2S}{h}-b$

(3) $\dfrac{a-b}{2}=\dfrac{3a-c}{4}$

$\dfrac{a-b}{2}\times 4=\dfrac{3a-c}{4}\times 4$

$\quad 2(a-b)=3a-c$

$\quad 2a-2b=3a-c$

$\quad 2a-3a=2b-c$

$\qquad -a=2b-c$

$a=-2b+c$

(4) $\quad m=\dfrac{4a+3b}{7}$

$\dfrac{4a+3b}{7}=m$

$4a+3b=7m$

$\qquad 4a=7m-3b$

$\qquad\ \ a=\dfrac{7m-3b}{4}$

# 1 連立方程式の解き方

## STEP 1 要点チェック

### テストの要点を書いて確認　　本冊 P.16

① (1) $x=5$, $y=-2$

(2) $x=-2$, $y=-8$

## STEP 2 基本問題　　本冊 P.17

1 ウ

2 (1) $x=3$, $y=2$ (2) $x=1$, $y=-3$

(3) $x=-2$, $y=3$ (4) $x=2$, $y=4$

3 (1) $x=1$, $y=2$ (2) $x=6$, $y=1$

(3) $x=4$, $y=5$ (4) $x=-1$, $y=2$

### 解説

2 上の式を①, 下の式を②とする。

(1) 
$$\begin{array}{r} ① \quad x-y=1 \\ ② \quad +)\ x+y=5 \\ \hline 2x\quad\ =6 \\ x=3 \end{array}$$

$x=3$ を②に代入すると,

$3+y=5$, $y=2$

(2) 
$$\begin{array}{r} ① \quad 2x-3y=11 \\ ②×2 \quad -)2x-4y=14 \\ \hline y=-3 \end{array}$$

$y=-3$ を②に代入すると,

$x-2×(-3)=7$, $x=1$

(3) 
$$\begin{array}{r} ①×3 \quad 15x+3y=-21 \\ ② \quad -)\ 2x+3y=\ \ \ 5 \\ \hline 13x\quad\ =-26 \\ x=-2 \end{array}$$

$x=-2$ を①に代入すると,

$5×(-2)+y=-7$, $y=3$

(4) 
$$\begin{array}{r} ①×3 \quad -9x+6y=\ \ 6 \\ ②×2 \quad +)\ \ 8x-6y=-8 \\ \hline -x\quad\ =-2 \\ x=2 \end{array}$$

$x=2$ を①に代入すると,

$-3×2+2y=2$

$2y=8$

$y=4$

3 上の式を①, 下の式を②とする。

(1) ②を①に代入すると,

$x-2x=-1$

$-x=-1$

$x=1$

$x=1$ を②に代入すると, $y=2$

(2) ①を②に代入すると,

$(y+5)+3y=9$

$4y=4$

$y=1$

$y=1$ を①に代入すると, $x=6$

(3) ②を①に代入すると,

$x-2(-x+9)=-6$

$3x=12$

$x=4$

$x=4$ を②に代入すると, $y=-4+9=5$

(4) ②を①に代入すると,

$(y-4)+7y=12$

$8y=16$

$y=2$

$y=2$ を②に代入すると,

$2x=-2$, $x=-1$

## STEP 3 得点アップ問題　　本冊 P.18

1 イ, エ

2 (1) $x=3$, $y=1$ (2) $x=4$, $y=-2$

(3) $x=6$, $y=-2$ (4) $x=1$, $y=5$

3 (1) $x=4$, $y=3$ (2) $x=-2$, $y=6$

(3) $x=4$, $y=1$ (4) $x=3$, $y=7$

(5) $x=-2$, $y=1$ (6) $x=-3$, $y=2$

(7) $x=1$, $y=2$ (8) $x=3$, $y=5$

### 解説

2 上の式を①, 下の式を②とする。

(1) 
$$\begin{array}{r} ① \quad 2x+y=7 \\ ② \quad +)\ x-y=2 \\ \hline 3x\quad\ =9 \\ x=3 \end{array}$$

$x=3$ を②に代入すると,

$3-y=2$, $y=1$

(2) 
$$\begin{array}{r} ① \quad 3x-\ 2y=16 \\ ②×3 \quad -)3x+\ 9y=-6 \\ \hline -11y=22 \\ y=-2 \end{array}$$

$y=-2$ を②に代入すると,

$x+3×(-2)=-2$

$x=4$

(3) ②を①に代入すると,

$3×(-3y)+4y=10$

$-5y=10$

$y=-2$

$y=-2$ を②に代入すると, $x=6$

(4) ②を①に代入すると, $4x-(-x+6)=-1$

$4x+x-6=-1$

$5x=5$

$x=1$

$x=1$ を②に代入すると, $y=-1+6=5$

**ミス注意!**

式を代入するときはかっこをつけて代入する。

3 上の式を①, 下の式を②とする。

(1) 
$$\begin{array}{r} ①×2 \quad 2x+2y=14 \\ ② \quad -)2x-3y=-1 \\ \hline 5y=15 \\ y=3 \end{array}$$

$y=3$ を①に代入すると,

$x+3=7$, $x=4$

(2) 
$$\begin{array}{r} ①×2 \quad 8x-2y=-28 \\ ② \quad +)\ x+2y=10 \\ \hline 9x\quad\ =-18 \\ x=-2 \end{array}$$

$x=-2$ を②に代入すると,

$-2+2y=10$, $y=6$

(3) ②を①に代入すると，
$$x-5\times(2x-7)=-1$$
$$x-10x+35=-1$$
$$-9x=-36$$
$$x=4$$
$x=4$ を②に代入すると，$y=2\times4-7=1$
(4) ②を①に代入すると，
$$3x-2=x+4$$
$$2x=6$$
$$x=3$$
$x=3$ を①に代入すると，$y=3+4=7$
(5) ①×3　　$6x-\ 9y=-21$
　　②×2　$-)6x-10y=-22$
　　　　　　　　　　　$y=1$
$y=1$ を①に代入すると，
$$2x-3\times1=-7$$
$$2x=-4$$
$$x=-2$$
(6) ①×4　　　　$12x+16y=-4$
　　②×3　$+)-12x+\ 9y=54$
　　　　　　　　　　　$25y=50$
　　　　　　　　　　　　$y=2$
$y=2$ を①に代入すると，
$$3x+4\times2=-1$$
$$3x=-9$$
$$x=-3$$
(7) ①は，$3x-2\times2y=-5$ だから，
②を①に代入すると，
$$3x-2(5x-1)=-5$$
$$3x-10x+2=-5$$
$$-7x=-7$$
$$x=1$$
$x=1$ を②に代入すると，$2y=4$，$y=2$
(8) ①を変形すると，$y=4x-7$　…①′
①′ を②に代入すると，$5x=3(4x-7)$
$$5x=12x-21$$
$$-7x=-21$$
$$x=3$$
$x=3$ を①′ に代入すると，
$$y=4\times3-7=5$$
(別解)②を $5x-3y=0$ と変形して，加減法で解いても
よい。

# 2 いろいろな連立方程式

**テストの 要点 を書いて確認**　　　　　　　本冊 P.20

① (1) $x=-2$，$y=1$

　　(2) $x=6$，$y=-10$

② $x=6$，$y=2$

STEP 2 基本問題　　　　　　　　　　　本冊 P.21

1 (1) $x=2$，$y=3$　(2) $x=-2$，$y=4$

　(3) $x=-1$，$y=-9$　(4) $x=7$，$y=5$

　(5) $x=-5$，$y=1$　(6) $x=6$，$y=-2$

　(7) $x=4$，$y=3$　(8) $x=3$，$y=-10$

2 (1) $x=2$，$y=-1$

　(2) $x=-4$，$y=-7$

**解 説**

1 上の式を①，下の式を②とする。
(1) ②のかっこをはずして整理すると，
　　$6x-2y=6$　…②′
②′÷2　　$3x-y=3$
①　　　$-)2x-y=1$
　　　　　$x\ \ \ \ =2$
$x=2$ を①に代入すると，$2\times2-y=1$
　　　　　　　　　　　　　　$-y=-3$
　　　　　　　　　　　　　　　$y=3$
(2) ①のかっこをはずして整理すると，
　　　$2x-6y=-28$　…①′
①′　　　$2x-\ 6y=-28$
②　　$-)2x+\ 5y=\ \ 16$
　　　　　　$-11y=-44$
　　　　　　　　$y=4$
$y=4$ を②に代入すると，
　　$2x+5\times4=16$，$x=-2$
(3) ①の両辺に10をかけて，係数を整数にする。
①×10より，$6x-\ y=3$　…①′
①′　　　　　$6x-\ y=\ \ \ 3$
②×2　　$-)6x-4y=\ \ 30$
　　　　　　　　$3y=-27$
　　　　　　　　　$y=-9$
$y=-9$ を①′ に代入すると，
　　$6x-(-9)=3$
　　　　　$6x=-6$
　　　　　　$x=-1$
(4) ②の両辺に10をかけて，係数を整数にする。
②×10より，$5x-3y=20$　…②′
①を②′ に代入すると，
　　$5\times(3y-8)-3y=20$
　　　　　　　　$12y=60$
　　　　　　　　　$y=5$
$y=5$ を①に代入すると，
　　$x=3\times5-8=7$

**ミス注意!**

小数の係数をふくむ式のとき，右辺が整数の場合
に，右辺に10をかけ忘れるミスに注意する。

(5) ①の両辺に10をかけて，係数を整数にする。

①×10より，$3x+4y=-11$ …①′

$$
\begin{array}{r}
①′×5 \quad 15x+20y=-55 \\
②×3 \quad -)15x-18y=-93 \\
\hline
38y=\phantom{-}38 \\
y=1
\end{array}
$$

$y=1$を①′に代入すると，

$$
\begin{aligned}
3x+4\times1&=-11 \\
3x&=-15 \\
x&=-5
\end{aligned}
$$

(6) ①の両辺に分母の最小公倍数6をかけて，分母をはらう。

①×6より，$2x+3y=6$ …①′

$$
\begin{array}{r}
② \quad 4x+3y=18 \\
①′ \quad -)2x+3y=\phantom{1}6 \\
\hline
2x\phantom{+3y}=12 \\
x=6
\end{array}
$$

$x=6$を①′に代入すると，

$$
\begin{aligned}
2\times6+3y&=6 \\
3y&=-6 \\
y&=-2
\end{aligned}
$$

**ミス注意!**

分数の係数をふくむ式のとき，右辺にも左辺の分母の最小公倍数を忘れずかけること。

(7) ①の両辺に3をかけて分母をはらう。

①×3より，$\left(x-\dfrac{2}{3}y\right)\times3=2\times3$

$$3x-2y=6 \quad …①′$$

②を①′に代入すると，$3x-(-x+10)=6$

$$
\begin{aligned}
3x+x-10&=6 \\
4x&=16 \\
x&=4
\end{aligned}
$$

$x=4$を②に代入すると，

$$2y=-4+10=6, \quad y=3$$

(8) ②の両辺に分母の最小公倍数15をかけて，分母をはらう。

②×15より，

$$
\left(-\frac{2}{3}x+\frac{1}{5}y\right)\times15=-4\times15
$$

$$-10x+3y=-60 \quad …②′$$

$$
\begin{array}{r}
①×3 \quad 9x-12y=\phantom{-}147 \\
②′×4 \quad +)-40x+12y=-240 \\
\hline
-31x\phantom{+12y}=-93 \\
x=3
\end{array}
$$

$x=3$を①に代入すると，

$$
\begin{aligned}
3\times3-4y&=49 \\
-4y&=40 \\
y&=-10
\end{aligned}
$$

2 (1) $\begin{cases} x+3y=-1 & …① \\ 2x+5y=-1 & …② \end{cases}$ とする。

$$
\begin{array}{r}
①×2 \quad 2x+6y=-2 \\
② \quad -)2x+5y=-1 \\
\hline
y=-1
\end{array}
$$

$y=-1$を①に代入すると，

$$x+3\times(-1)=-1, \quad x=2$$

(2) $\begin{cases} x+y+11=3x-2y-2 & …① \\ 3x-2y-2=7x-4y & …② \end{cases}$ とする。

①より，$-2x+3y=-13$ …①′

②より，$-4x+2y=2$ …②′

$$
\begin{array}{r}
①′×2 \quad -4x+6y=-26 \\
②′ \quad -)-4x+2y=\phantom{-2}2 \\
\hline
4y=-28 \\
y=-7
\end{array}
$$

$y=-7$を①′に代入すると，

$$
\begin{aligned}
-2x+3\times(-7)&=-13 \\
-2x&=8 \\
x&=-4
\end{aligned}
$$

**STEP 3** 得点アップ問題　　　　　本冊 P.22

1 (1) $x=1, \ y=-1$

(2) $x=2, \ y=-1$

(3) $x=-2, \ y=-4$

(4) $x=6, \ y=-4$

2 (1) $x=10, \ y=-2$　(2) $x=3, \ y=7$

3 (1) $x=-2, \ y=3$　(2) $x=3, \ y=2$

(3) $x=7, \ y=5$　(4) $x=-1, \ y=-2$

(5) $x=3, \ y=4$　(6) $x=8, \ y=-9$

4 (1) $a=3, \ b=2$　(2) $a=-2$

**解説**

1 上の式を①，下の式を②とする。

(1) ①のかっこをはずすと，$5x+2y=3$ …①′

$$
\begin{array}{r}
①′ \quad 5x+2y=\phantom{-}3 \\
② \quad -)\phantom{5}x+2y=-1 \\
\hline
4x\phantom{+2y}=\phantom{-}4 \\
x=1
\end{array}
$$

$x=1$を②に代入すると，

$$
\begin{aligned}
1+2y&=-1 \\
2y&=-2 \\
y&=-1
\end{aligned}
$$

(2) ①×10より，$2x+3y=1$ …①′

$$
\begin{array}{r}
①′×2 \quad 4x+6y=\phantom{-1}2 \\
② \quad -)4x-7y=15 \\
\hline
13y=-13 \\
y=-1
\end{array}
$$

$y=-1$を①′に代入すると，

$$
\begin{aligned}
2x+3\times(-1)&=1 \\
2x&=4 \\
x&=2
\end{aligned}
$$

(3) ②の両辺に分母の最小公倍数8をかけて，分母をはらう。

②×8より，$2x+y=-8$ …②′

$$
\begin{array}{r}
① \quad \phantom{2}x+y=-6 \\
②′ \quad -)2x+y=-8 \\
\hline
-x\phantom{+y}=\phantom{-}2 \\
x=-2
\end{array}
$$

$x=-2$を①に代入すると，

$$
\begin{aligned}
-2+y&=-6 \\
y&=-4
\end{aligned}
$$

(4) ①の両辺に分母の最小公倍数12をかけて，分母をはらう。

①×12より，$4x-3y=36$ …①′

①′＋②より，$6x=36, \ x=6$

$x=6$を②に代入すると，

$$
\begin{aligned}
2\times6+3y&=0 \\
3y&=-12
\end{aligned}
$$

$$y = -4$$

上の式の右辺にも12を忘れずかけること。

**2** (1) $\begin{cases} 2x + 3y = 14 & \cdots ① \\ x - 2y = 14 & \cdots ② \end{cases}$ とする。

$\begin{array}{r} ① \qquad\qquad 2x + 3y = 14 \\ ②×2 \quad -)2x - 4y = 28 \\ \hline 7y = -14 \\ y = -2 \end{array}$

$y = -2$を②に代入すると，
$$x - 2 × (-2) = 14$$
$$x = 10$$

(2) $\begin{cases} x + y = 3x - y + 8 & \cdots ① \\ x + y = -2x + 5y - 19 & \cdots ② \end{cases}$ とする。

①を整理すると，$-2x + 2y = 8$ $\cdots ①'$
②を整理すると，$3x - 4y = -19$ $\cdots ②'$

$\begin{array}{r} ①'×2 \qquad -4x + 4y = 16 \\ ②' \qquad +)\ 3x - 4y = -19 \\ \hline -x = -3 \\ x = 3 \end{array}$

$x = 3$を①'に代入すると，
$$-2 × 3 + 2y = 8$$
$$2y = 14$$
$$y = 7$$

**3** 上の式を①，下の式を②とする。
(1) ②のかっこをはずすと，$3x - 7y = -27$ $\cdots ②'$

$\begin{array}{r} ①×3 \qquad 6x + 15y = 33 \\ ②'×2 \quad -)6x - 14y = -54 \\ \hline 29y = 87 \\ y = 3 \end{array}$

$y = 3$を①に代入すると，
$$2x + 5 × 3 = 11$$
$$2x = -4$$
$$x = -2$$

(2) ①の両辺に分母の最小公倍数6をかけて，分母をはらう。
①×6より，$4x - 3y = 6$ $\cdots ①'$

$\begin{array}{r} ①'×2 \qquad 8x - 6y = 12 \\ ② \qquad -)8x - 5y = 14 \\ \hline -y = -2 \\ y = 2 \end{array}$

$y = 2$を①'に代入すると，
$$4x - 3 × 2 = 6$$
$$4x = 12$$
$$x = 3$$

(3) ①の両辺に10をかけて，係数を整数にする。
①×10より，$5x - 3y = 20$ $\cdots ①'$
②を①'に代入すると，
$$5(2y - 3) - 3y = 20$$
$$7y = 35$$
$$y = 5$$

$y = 5$を②に代入すると，
$$x = 2 × 5 - 3 = 7$$

(4) ②×10より，$-8x + 9y = -10$ $\cdots ②'$

$\begin{array}{r} ①÷3 \qquad 4x + 9y = -22 \\ ②' \quad -)-8x + 9y = -10 \\ \hline 12x = -12 \\ x = -1 \end{array}$

$x = -1$を②に代入すると，
$$-8 × (-1) + 9y = -10$$
$$9y = -18$$

---

$$y = -2$$

下の式の右辺にも忘れず10をかけること。

(5) ①×3より，$4x + 3y = 24$ $\cdots ①'$
②×10より，$x + 9 = 3y$ $\cdots ②'$
②'を①'に代入すると，
$$4x + (x + 9) = 24$$
$$5x = 15$$
$$x = 3$$

$x = 3$を②'に代入すると，$3y = 12$，$y = 4$

(6) ①×6より，$3x + 2y = 6$ $\cdots ①'$
②×72より，$27x - 16y = 360$ $\cdots ②'$

$\begin{array}{r} ①'×8 \qquad 24x + 16y = 48 \\ ②' \qquad +)27x - 16y = 360 \\ \hline 51x = 408 \\ x = 8 \end{array}$

$x = 8$を①'に代入すると，
$$3 × 8 + 2y = 6$$
$$2y = -18$$
$$y = -9$$

**4** (1) $\begin{cases} ax + by = 3 & \cdots ① \\ bx - ay = -11 & \cdots ② \end{cases}$ とする。

①，②に$x = -1$，$y = 3$をそれぞれ代入すると，
$\begin{cases} -a + 3b = 3 & \cdots ③ \\ -b - 3a = -11 & \cdots ④ \end{cases}$

③，④を連立方程式として解く。

$\begin{array}{r} ③×3 \qquad -3a + 9b = 9 \\ ④ \qquad -)-3a - b = -11 \\ \hline 10b = 20 \\ b = 2 \end{array}$

$b = 2$を③に代入すると
$$-a + 3 × 2 = 3$$
$$-a = -3$$
$$a = 3$$

(2) $\begin{cases} ax - y = -14 & \cdots ① \\ 5x - 2y = 8 & \cdots ② \end{cases}$ とする。

解の比が$x : y = 2 : 3$より，$3x = 2y$ $\cdots ③$
②と③を連立方程式として解く。
③を②に代入すると
$$5x - 3x = 8$$
$$2x = 8$$
$$x = 4$$

$x = 4$を③に代入すると，
$$2y = 3 × 4 = 12, \quad y = 6$$

$x = 4$，$y = 6$を①に代入すると，
$$a × 4 - 6 = -14$$
$$4a = -8$$
$$a = -2$$

# 3 連立方程式の利用①

## テストの**要点**を書いて確認　　　　　本冊 P.24

① りんご　100円，みかん　80円

1. (1) $\begin{cases} 2x+5y=1900 \\ x+3y=1050 \end{cases}$

   (2) おとな　450円，子ども　200円

2. (1) $\begin{cases} 3y+x=48 \\ 4x-5y=5 \end{cases}$

   (2) 15, 11

3. (1) $x+y=5$

   (2) $\dfrac{x}{40}+\dfrac{y}{4}=\dfrac{7}{20}$

   (3) A駅からバス停　4km

   　　バス停から家　　1km

### 解説

**1** (1) (おとな2人の入園料) + (子ども5人の入園料) = 1900(円)だから，

$2x+5y=1900$ …①

(おとな1人の入園料) + (子ども3人の入園料) = 1050(円)だから，

$x+3y=1050$ …②

(2) ①と②を連立方程式として解く。

$\begin{array}{r} ②×2 \quad 2x+6y=2100 \\ ① \quad\ \underline{-)2x+5y=1900} \\ y=200 \end{array}$

$y=200$ を②に代入すると，

$x+3×200=1050,\ x=450$

**2** (1) 小さいほうの数の3倍に大きいほうの数を加えると48になるので，

$3y+x=48$ …①

大きいほうの数の4倍から小さいほうの数の5倍をひくと5になるので，

$4x-5y=5$ …②

(2) ①と②を連立方程式として解く。

$\begin{array}{r} ①×4 \quad 4x+12y=192 \\ ② \quad\ \underline{-)4x-5y=5} \\ 17y=187 \\ y=11 \end{array}$

$y=11$を①に代入すると，

$x+3×11=48$

$x=15$

**3** (1) (A駅からバス停までの道のり) + (バス停から家までの道のり) = 5(km)だから，

$x+y=5$

(2) (時間) $=\dfrac{(道のり)}{(速さ)}$ を使うと，A駅からバス停までにかかった時間は$\dfrac{x}{40}$時間，バス停から家までにかかった時間は$\dfrac{y}{4}$時間。

よって，かかった時間の関係から，

---

$\dfrac{x}{40}+\dfrac{y}{4}=\dfrac{7}{20}$

**ミス注意！**

$\dfrac{x}{40}+\dfrac{y}{4}=21$ とするミスに注意！

単位を「時間」にそろえて，21分$=\dfrac{21}{60}$時間とすること。

(3) $\begin{cases} x+y=5 & \cdots① \\ \dfrac{x}{40}+\dfrac{y}{4}=\dfrac{7}{20} & \cdots② \end{cases}$

②×40より，$x+10y=14$ …②′

$\begin{array}{r} ②′ \quad x+10y=14 \\ ① \quad \underline{-)x+\ \ y=\ 5} \\ 9y=\ 9 \end{array}$

$y=1$を①に代入すると，

$x+1=5,\ x=4$

1. (1) $\begin{cases} 5x+3y=760 \\ y=x+40 \end{cases}$

   (2) 鉛筆　80円，消しゴム　120円

2. 74

3. A　30L，B　58L

4. (1) $\begin{cases} \dfrac{x}{2}+\dfrac{y}{4}=\dfrac{5}{4} \\ \dfrac{x}{4}+\dfrac{y}{2}=1 \end{cases}$ 　(2) 3km

5. 太郎　毎分140m

   花子　毎分60m

6. 14, 3

7. 長さ　150m，速さ　毎秒25m

### 解説

**1** (1) 鉛筆5本と消しゴム3個の代金が760円なので，

$5x+3y=760$ …①

消しゴム1個の値段は，鉛筆1本の値段より40円高いので，

$y=x+40$ …②

(2) ①と②を連立方程式として解く。

②を①に代入すると，

$5x+3(x+40)=760$

$8x=640$

$x=80$

$x=80$を②に代入すると，

$y=80+40=120$

**2** もとの自然数の十の位の数を$x$，一の位の数を$y$とすると，2けたの自然数は$10x+y$，十の位の数と一の位の数を入れかえた数は$10y+x$と表される。

(十の位の数)×3 − (一の位の数)×5 = 1 だから，

$3x-5y=1$ …①

(十の位の数と一の位の数を入れかえた数)

= (もとの自然数) − 27 だから，

$10y+x=10x+y-27$ …②

①と②を連立方程式として解く。

11

②を整理すると，$9x - 9y = 27$ …②′
①×3　　　$9x - 15y = 3$
②′　　　$-)9x - 9y = 27$
　　　　　　　　$-6y = -24$
　　　　　　　　　$y = 4$
$y = 4$ を①に代入すると，
　$3x - 5 \times 4 = 1$
　　　　$3x = 21$
　　　　　$x = 7$
よって，求める2けたの自然数は74

**3** 水そうAに入っている水の量を$x$L，Bに入っている水の量を$y$Lとする。
水そうA，Bに合わせて88Lの水が入っているので，
　$x + y = 88$ …①
Aから8LとってBに入れると，Bの水の量はAの水の量の3倍になるので，
　$3(x - 8) = y + 8$，$3x - y = 32$ …②
①と②を連立方程式として解く。
①　　　　$x + y = 88$
②　$+)3x - y = 32$
　　　　$4x = 120$
　　　　　$x = 30$
$x = 30$を①に代入すると，
　$30 + y = 88$
　　　　$y = 58$

**4** (1) かかった時間の関係について，2つの方程式をつくる。
行きは，$x$kmが上り，$y$kmが下りだから，
$$\frac{x}{2} + \frac{y}{4} = \frac{5}{4}$$
帰りは，$x$kmが下り，$y$kmが上りだから，
$$\frac{x}{4} + \frac{y}{2} = 1$$
(2) $\begin{cases} \dfrac{x}{2} + \dfrac{y}{4} = \dfrac{5}{4} & \text{…①} \\ \dfrac{x}{4} + \dfrac{y}{2} = 1 & \text{…②} \end{cases}$ とする。

①×4より，$2x + y = 5$ …①′
②×4より，$x + 2y = 4$ …②′
①′×2　　$4x + 2y = 10$
②′　　$-) x + 2y = 4$
　　　　　$3x = 6$
　　　　　　$x = 2$
$x = 2$を①′に代入すると，
　$2 \times 2 + y = 5$，$y = 1$
よって，A町からB町までの道のりは，
$2 + 1 = 3$（km）

**5** 太郎さんの速さを毎分$x$m，花子さんの速さを毎分$y$mとする。
反対の方向にまわるとき，出発してから14分後に出会うから，14分間で2人の進んだ道のりの和が池1周の道のりと同じである。
よって，$14x + 14y = 2800$ …①
同じ方向にまわるとき，出発してから35分後に追いつ

くから，35分間で太郎さんは花子さんより1周多く進んでいる。
よって，$35x - 35y = 2800$ …②
①と②を連立方程式として解くと，
①÷14　　$x + y = 200$ …①′
②÷35　$+) x - y = 80$
　　　　$2x = 280$
　　　　　$x = 140$
$x = 140$を①′に代入すると，$y = 60$

**6** 大きいほうの数を$x$，小さいほうの数を$y$とする。
（わられる数）＝（わる数）×（商）＋（余り）だから，大きいほうの数の2倍を小さいほうの数でわると商は9で余りは1であることを，$x$，$y$を使って式で表すと，
$2x = y \times 9 + 1$
よって，連立方程式は
$\begin{cases} x = 3y + 5 \\ 2x = 9y + 1 \end{cases}$
これを解いて，$x = 14$，$y = 3$

**7** 列車の長さを$x$m，列車の速さを毎秒$y$mとする。
鉄橋を渡るとき，
（列車の速さ）×54（秒）
＝（鉄橋の長さ）＋（列車の長さ）
だから，$54y = 1200 + x$ …①
トンネルを通過するとき，
（列車の速さ）×40（秒）
＝（トンネルの長さ）＋（列車の長さ）
だから，$40y = 850 + x$ …②
①と②を連立方程式として解くと，
$x = 150$，$y = 25$

# 4 連立方程式の利用②

**STEP 1 要点チェック**

テストの**要点**を書いて確認　　　本冊 P.28

① 男子　100人，女子　75人

**STEP 2 基本問題**　　　本冊 P.29

$\boxed{1}$ (1) $\dfrac{10}{100}x$人　(2) $\dfrac{15}{100}y$人

(3) $\begin{cases} x+y=440 \\ \dfrac{10}{100}x+\dfrac{15}{100}y=54 \end{cases}$

(4) 男子　240人，女子　200人

$\boxed{2}$ (1) $\begin{cases} x+y=5200 \\ \dfrac{60}{100}x+\dfrac{70}{100}y=3400 \end{cases}$

(2) 〈上〉　2400円

〈下〉　2800円

$\boxed{3}$ (1) $x+y=300$

(2) $\dfrac{3}{100}x+\dfrac{8}{100}y=300\times\dfrac{5}{100}$

(3) 3%　180g

8%　120g

**解説**

$\boxed{1}$ (1) 男子のバレーボール部員は，この中学校の男子の生徒数$x$人の10%にあたるので，$\dfrac{10}{100}x$人。
（約分して，$\dfrac{1}{10}x$人としてもよい。小数で答えてもよい。）

(2) 女子のバレーボール部員は，この中学校の女子の生徒数$y$人の15%にあたるので，$\dfrac{15}{100}y$人。
（約分して，$\dfrac{3}{20}y$人としてもよい。小数で答えてもよい。）

(3) この中学校の全体の生徒数，つまり，男子と女子の生徒数を合わせた人数が440人なので，
$x+y=440$　…①
バレーボール部員の人数は男女合わせて54人なので，
$\dfrac{10}{100}x+\dfrac{15}{100}y=54$　…②

(4) ①と②を連立方程式として解く。
②の両辺に分母の最小公倍数100をかけて，分母をはらう。
②×100より，$10x+15y=5400$　…②′

$\begin{array}{r} ①×10 \quad 10x+10y= \quad 4400 \\ ②′ \quad -)10x+15y= \quad 5400 \\ \hline -5y=-1000 \\ y=200 \end{array}$

$y=200$を①に代入すると，
$x+200=440,\ x=240$

$\boxed{2}$ (1) 定価で買ったときの代金の関係から，
$x+y=5200$　…①

定価の$a$%引きの価格は，定価の$(100-a)$%にあたるから，定価の40%引き→定価の60%，定価の30%引き→定価の70%である。
値引き後の価格の関係から，
$\dfrac{60}{100}x+\dfrac{70}{100}y=3400$　…②

**ミス注意!**

$x$円の40%引きの価格を$\dfrac{40}{100}x$（円）としないこと。

(2) ①と②を連立方程式として解く。
②×100より，$60x+70y=340000$　…②′

$\begin{array}{r} ①×60 \quad 60x+60y= \quad 312000 \\ ②′ \quad -)60x+70y= \quad 340000 \\ \hline -10y=-28000 \\ y=2800 \end{array}$

$y=2800$を①に代入すると，
$x+2800=5200,\ x=2400$

$\boxed{3}$ (1) 3%の食塩水$x$gと8%の食塩水$y$gを混ぜ合わせると5%の食塩水が300gできるので，
$x+y=300$

(2) $a$%の食塩水にふくまれる食塩の重さは，
**（食塩の重さ）＝（食塩水の重さ）$\times\dfrac{a}{100}$** だから，
3%の食塩水$x$gにふくまれる食塩の重さは，
$x\times\dfrac{3}{100}=\dfrac{3}{100}x$（g）
8%の食塩水$y$gにふくまれる食塩の重さは，
$y\times\dfrac{8}{100}=\dfrac{8}{100}y$（g）
5%の食塩水300gにふくまれる食塩の重さは，
$300\times\dfrac{5}{100}$（g）
よって，$\dfrac{3}{100}x+\dfrac{8}{100}y=300\times\dfrac{5}{100}$

(3) $\begin{cases} x+y=300 \quad …① \\ \dfrac{3}{100}x+\dfrac{8}{100}y=300\times\dfrac{5}{100} \quad …② \end{cases}$

②×100より，$3x+8y=1500$　…②′

$\begin{array}{r} ②′ \quad 3x+8y=1500 \\ ①×3 \quad -)3x+3y= \quad 900 \\ \hline 5y= \quad 600 \\ y=120 \end{array}$

$y=120$を①に代入すると，
$x+120=300,\ x=180$

**STEP 3 得点アップ問題**　　　本冊 P.30

$\boxed{1}$ (1) $\begin{cases} x+y=700 \\ \dfrac{75}{100}x+\dfrac{110}{100}y=623 \end{cases}$

(2) 男子　420人，女子　280人

$\boxed{2}$ (1) 6800円

(2) セーター　4000円，ポロシャツ　2800円

$\boxed{3}$ (1) ア $\dfrac{1}{2}x+\dfrac{1}{4}y$　イ $\dfrac{3}{4}y$

(2) 兄　2160円，弟　480円

**4** (1) $\begin{cases} x+y+200=1000 \\ \dfrac{12}{100}x+\dfrac{20}{100}y=1000\times\dfrac{14}{100} \end{cases}$

(2) 12%の食塩水　250g

　　20%の食塩水　550g

**5** 男子　216人，女子　162人

**6** 食塩水A　6%，食塩水B　12%

---

### 解説

**1** (1) 5月の利用者数は，男女合わせて700人なので，
$x+y=700$　…①
6月の男子の利用者数は，5月と比べて25%減っているので，$x\times\left(1-\dfrac{25}{100}\right)=\dfrac{75}{100}x$（人）
6月の女子の利用者数は，5月と比べて10%増えているので，$y\times\left(1+\dfrac{10}{100}\right)=\dfrac{110}{100}y$（人）
6月の利用者数は，男女合わせて623人なので，
$\dfrac{75}{100}x+\dfrac{110}{100}y=623$　…②
（②の式は，約分して$\dfrac{3}{4}x+\dfrac{11}{10}y=623$としてもよい。）
（別解）
増加数に着目して②の式を立ててもよい。
$-\dfrac{25}{100}x+\dfrac{10}{100}y=623-700$
(2) ①と②を連立方程式として解く。
②の両辺に分母の最小公倍数100をかけて，分母をはらう。
②×100より，$75x+110y=62300$　…②′

$\begin{array}{r} ①×110 \quad 110x+110y=77000 \\ ②′ \quad\quad -)\ \ 75x+110y=62300 \\ \hline 35x\quad\quad\quad =14700 \\ x=420 \end{array}$

$x=420$を①に代入すると，
$420+y=700$，$y=280$

**2** (1) 値引き後の代金の合計は5160円で，これは定価で買うより1640円安いので，定価通りの値段で買うと，
$5160+1640=6800$（円）
(2) セーター1枚の定価を$x$円，ポロシャツ1枚の定価を$y$円とする。
(1)より，$x+y=6800$　…①
値引き後のセーターの値段は，
$x\times\left(1-\dfrac{20}{100}\right)=\dfrac{80}{100}x$（円）
値引き後のポロシャツの値段は，
$y\times\left(1-\dfrac{30}{100}\right)=\dfrac{70}{100}y$（円）
実際に支払った代金の合計は5160円なので，
$\dfrac{80}{100}x+\dfrac{70}{100}y=5160$　…②
（差額に着目して②の式を立ててもよい。
$\dfrac{20}{100}x+\dfrac{30}{100}y=1640$）
①と②を連立方程式として解く。
②×100より，$80x+70y=516000$　…②′

$\begin{array}{r} ①×70 \quad 70x+70y=\ \ 476000 \\ ②′ \quad\quad -)80x+70y=\ \ 516000 \\ \hline -10x\quad\quad =-\ 40000 \\ x=4000 \end{array}$

---

$x=4000$を①に代入すると，
$4000+y=6800$，$y=2800$

**3** (1) 兄の持っていたお金の$\dfrac{1}{2}$は$\dfrac{1}{2}x$円，弟の持っていたお金の$\dfrac{1}{4}$は$\dfrac{1}{4}y$円だから，本を買うのに支払った金額の関係から，$\underset{\text{ア}}{\dfrac{1}{2}x+\dfrac{1}{4}y=1200}$　…①
弟の残金は，$y\times\left(1-\dfrac{1}{4}\right)=\dfrac{3}{4}y$（円）だから，
残金の関係より，$\underset{\text{イ}}{\dfrac{1}{2}x=\dfrac{3}{4}y\times3}$　…②
(2) (1)の①と②を連立方程式として解く。
②を①に代入すると，
$\dfrac{9}{4}y+\dfrac{1}{4}y=1200$
$\dfrac{10}{4}y=1200$
$y=480$
$y=480$を②に代入すると，
$\dfrac{1}{2}x=\dfrac{9}{4}\times480=1080$，$x=2160$

**4** (1) 食塩水の重さの関係から，
$x+y+200=1000$　…①
食塩の重さの関係から，
$\dfrac{12}{100}x+\dfrac{20}{100}y=1000\times\dfrac{14}{100}$　…②
(2) ①を整理すると，$x+y=800$　…①′

$\begin{array}{r} ①′×20 \quad 20x+20y=16000 \\ ②×100 \quad -)12x+20y=14000 \\ \hline 8x\quad\quad =\ \ 2000 \\ x=250 \end{array}$

$x=250$を①′に代入すると，
$250+y=800$，$y=550$

> **ミス注意!**
> 食塩水の重さの関係についての式をつくるとき，水の重さ200gを入れることを忘れないように注意！

**5** 昨年の卒業生の男子の人数を$x$人，女子の人数を$y$人とする。
昨年の卒業生の人数の関係から，
$x+y=380$　…①
今年の卒業生の人数は，男子は8%増えたから$\dfrac{108}{100}x$人，女子は10%減ったから$\dfrac{90}{100}y$人，全体では2人減ったから，$380-2=378$（人）
よって，今年の卒業生の人数の関係から，
$\dfrac{108}{100}x+\dfrac{90}{100}y=378$　…②
①と②を連立方程式として解くと，
$x=200$，$y=180$
求めるのは今年の卒業生の人数だから，
今年の卒業生の男子の人数は，
$200\times\dfrac{108}{100}=216$（人）
女子の人数は，$180\times\dfrac{90}{100}=162$（人）
（別解）
②の式は，人数の増減の関係から，

$$\frac{8}{100}x - \frac{10}{100}y = -2 \quad \text{としてもよい。}$$

**ミス注意!**

求める人数は今年の卒業生の男子，女子の人数である。
$x=200$, $y=180$をそのまま答えとしないこと。

**6** 食塩水Aの濃度を$x$％，食塩水Bの濃度を$y$％とする。
A 200gとB 100gを混ぜ合わせると8％の食塩水
$(200+100)$gができるから，食塩の重さの関係から，

$$200 \times \frac{x}{100} + 100 \times \frac{y}{100} = (200+100) \times \frac{8}{100}$$

式を整理すると，$2x + y = 24$ …①
A100gとB500gを混ぜ合わせると11％の食塩水
$(100+500)$gができるから，食塩の重さの関係から，

$$100 \times \frac{x}{100} + 500 \times \frac{y}{100} = (100+500) \times \frac{11}{100}$$

式を整理すると，$x + 5y = 66$ …②
①と②を連立方程式として解くと，
$x=6$, $y=12$

**❶** (1) $x=-1$, $y=2$　(2) $x=-4$, $y=-3$
(3) $x=3$, $y=-5$　(4) $x=2$, $y=-3$
(5) $x=-6$, $y=4$　(6) $x=3$, $y=5$

**❷** $x=-2$, $y=6$

**❸** $a=3$, $b=2$

**❹** ケーキ　6個，プリン　8個

**❺** 太一さんの家から図書館　$\frac{7}{4}$km

真二さんの家から図書館　$\frac{1}{4}$km

**❻** 39

**❼** ボールペン　90円，ノート　150円

**❽** 5％の食塩水　240g

15％の食塩水　560g

**解 説**

**❶** 上の式を①，下の式を②とする。
(1) ①×4　　$4x+8y=12$
　　②　　$-)4x+5y=\ 6$
　　　　　　　　$3y=6$
　　　　　　　　　$y=2$
$y=2$を①に代入すると，
　$x+2\times2=3$
　　　　$x=-1$
(2) ②を①に代入すると，
　$3x-2(2x+5)=-6$
　　　$-x=4$
　　　　$x=-4$
$x=-4$を②に代入すると，
　$y=2\times(-4)+5=-3$
(3) ①×3　　　$9x+6y=-3$
　　②×2　$+)10x-6y=\ 60$
　　　　　　$19x\ \ \ \ \ =\ 57$
　　　　　　　　　$x=3$
$x=3$を①に代入すると，
　$3\times3+2y=-1$
　　　$2y=-10$
　　　　$y=-5$
(4) ②の両辺に10をかけて，係数を整数にする。
②×10より，$5x-6y=28$ …②′
①×2　　$14x+6y=10$
②′　　$+)\ 5x-6y=28$
　　　　$19x\ \ \ \ \ =38$
　　　　　　　$x=2$
$x=2$を①に代入すると，
　$7\times2+3y=5$
　　　$3y=-9$
　　　　$y=-3$
(5) ①の両辺に分母の最小公倍数6をかけて，分母をはらう。
①×6より，$3(x+y)-2x=6$
　　　　　　　$x+3y=6$ …①′
①′−②より，$y=4$
$y=4$を②に代入すると，
　$x+2\times4=2$, $x=-6$

15

$\dfrac{x+y}{2}$ の項に6をかけるとき，分子の式にかっこ

をつける。

$$\dfrac{x+y}{2}\times 6=(x+y)\times 3$$

(6) ①のかっこをはずして整理すると，

$3x-2x+2y=13,\ x+2y=13\ \cdots①'$

②の両辺に分母の最小公倍数6をかけて，分母をはらう。

②×6より，$x=3y-12\ \cdots②'$

②′を①′に代入すると，

$(3y-12)+2y=13$

$5y=25$

$y=5$

$y=5$を②′に代入すると，

$x=3\times 5-12=3$

❷ $\begin{cases}3x+4y-8=10&\cdots①\\-2x+y=10&\cdots②\end{cases}$ として解く。

①を整理すると，$3x+4y=18\ \cdots①'$

①′ $\quad\quad 3x+4y=18$

②×4 $\underline{\ -)\ -8x+4y=40\ }$

$\quad\quad\quad 11x\quad\quad =-22$

$\quad\quad\quad\quad\ x=-2$

$x=-2$を②に代入すると，

$-2\times(-2)+y=10,\ y=6$

❸ $a,\ b$をふくまない式に注目する。

連立方程式ア，イが同じ解をもつということは，

$\begin{cases}x-y=-5&\cdots①\\4x-y=-11&\cdots②\end{cases}$ も同じ解をもつ。

②－①より，$3x=-6,\ x=-2$

$x=-2$を①に代入すると，

$-2-y=-5,\ y=3$

これは，$\begin{cases}ax+by=0\\bx+ay=5\end{cases}$ の解でもあるので，これに

$x=-2,\ y=3$を代入すると，

$\begin{cases}-2a+3b=0&\cdots③\\-2b+3a=5&\cdots④\end{cases}$

③×3 $\quad\quad -6a+9b=0$

④×2 $\underline{\ +)\ \ 6a-4b=10\ }$

$\quad\quad\quad\quad\quad 5b=10$

$\quad\quad\quad\quad\quad\ b=2$

$b=2$を③に代入すると，

$-2a+3\times 2=0$

$-2a=-6$

$a=3$

❹ 買ったケーキの個数を$x$個，買ったプリンの個数を$y$個とする。

ケーキとプリンを合わせて14個買っているので，

$x+y=14\ \cdots①$

払った代金の関係から，

$250x+120y=2460\ \cdots②$

①と②を連立方程式として解く。

①×120 $\quad 120x+120y=1680$

② $\quad\quad\underline{\ -)\ 250x+120y=2460\ }$

$\quad\quad\quad -130x\quad\quad\quad =-780$

$\quad\quad\quad\quad\quad\quad\quad x=6$

$x=6$を①に代入すると，

$6+y=14,\ y=8$

❺ 太一さんの家から図書館までの道のりを$x$km，真二さんの家から図書館までの道のりを$y$kmとする。

道のりの関係から，$x+y=2\ \cdots①$

真二さんは太一さんが出発してから5分後に家を出発しているから，家から図書館に着くまでにかかった時間は，太一さんのほうが5分長い。

よって，時間の関係から，$\dfrac{x}{12}=\dfrac{y}{4}+\dfrac{5}{60}\ \cdots②$

①と②を連立方程式として解く。

②×12より，$x=3y+1\ \cdots②'$

②′を①に代入すると，

$(3y+1)+y=2$

$4y=1$

$y=\dfrac{1}{4}$

$y=\dfrac{1}{4}$を②′に代入すると，$x=3\times\dfrac{1}{4}+1=\dfrac{7}{4}$

単位を「時間」にそろえること。5分$=\dfrac{5}{60}$時間

❻ もとの自然数の十の位の数を$x$，一の位の数を$y$とすると，

$\begin{cases}x+y=12\\10y+x=2(10x+y)+15\end{cases}$

これを解くと，$x=3,\ y=9$

よって，求める2けたの自然数は39

❼ ボールペン1本の値段を$x$円，ノート1冊の値段を$y$円とする。

先月の売り上げ金額の関係から，

$120y=60x+12600\ \cdots①$

今月の販売数は，

ボールペンが，$60\times\dfrac{140}{100}=84$(本)

ノートが，$120\times\dfrac{75}{100}=90$(冊)

だから，今月の売り上げ金額の関係から，

$84x+90y=(60x+120y)\times\dfrac{90}{100}\ \cdots②$

（金額の増減に着目して②の式を立ててもよい。

$60x\times\dfrac{40}{100}-120y\times\dfrac{25}{100}=-\dfrac{10}{100}(60x+120y)$）

①と②を連立方程式として解く。

②を整理すると，

$84x+90y=54x+108y$

$30x-18y=0$

$5x-3y=0\ \cdots②'$

①÷60より，

$2y=x+210,\ x=2y-210\ \cdots①'$

①′を②′に代入すると，

$5(2y-210)-3y=0$

$7y=1050$

$y=150$

$y=150$を①′に代入すると，

$x=2\times 150-210=90$

❽ 5%の食塩水を$x$g，15%の食塩水を$y$g混ぜるとする。

食塩水の重さの関係から，$x+y=800\ \cdots①$

食塩の重さの関係から，

$\dfrac{5}{100}x+\dfrac{15}{100}y=800\times\dfrac{12}{100}\ \cdots②$

①と②を連立方程式として解くと，

$x=240,\ y=560$

# 1 1次関数とグラフ

## テストの 要点 を書いて確認　　　　本冊 P.34

① 2

② $y = -2x - 7$

## STEP 2 基本問題　　　　本冊 P.35

1 (1) ○　(2) ×

2 (1) −21　(2) 6

3 (1) ウ　(2) エ　(3) イ　(4) ア

4 (1) $-17 \leqq y \leqq 3$　(2) $1 \leqq y \leqq 11$

5 (1) $y = -5x + 7$　(2) $y = 4x - 9$　(3) $y = x - 3$

　　(4) $y = 2x + 1$　(5) $y = -2x + 7$

### 解説

1 $y = \sim$ の形にして，$y$ が $x$ の1次式で表されれば，$y$ は $x$ の1次関数であるといえる。

(1) (長方形の縦の長さ)×2+(長方形の横の長さ)×2
=(長方形の周の長さ)　より，$2x + 2y = 20$
この式を $y = \sim$ の形になおすと，
　　$2y = -2x + 20$, $y = -x + 10$
よって，$y = ax + b$ の形で表されるので，$y$ は $x$ の1次関数である。

(2) (時間)=(道のり)÷(速さ)　より，
　　$y = 50 \div x$, $y = \dfrac{50}{x}$

よって，$y = ax + b$ の形で表されないので，$y$ は $x$ の1次関数ではない。$y = \dfrac{a}{x}$ の形は，反比例の式である。

2 1次関数 $y = ax + b$ では，
　(yの増加量)=$a$×(xの増加量)
となることを利用する。

(1) $x$ の値は $-2$ から5まで増加しているので，$x$ の増加量は，
　　$5 - (-2) = 7$
よって，$y$ の増加量は，$-3 \times 7 = -21$
($x$ のそれぞれの値から $y$ の値を計算し，その差を求めてもよい。)

(2) $\dfrac{2}{3} \times 9 = 6$

よって，$y$ の増加量は6

3 (1) 傾き，切片がともに正の直線を選べばよいので，ウ
(2) 傾きが正，切片が負の直線を選べばよいので，エ
(3) 傾きが負，切片が正の直線を選べばよいので，イ
(4) 傾き，切片がともに負の直線を選べばよいので，ア

4 変域の両端の値を代入する。
(1) $y = 4x - 5$ に $x = -3$ を代入して，
　　$y = 4 \times (-3) - 5$
　　　$= -17$
$x = 2$ を代入して，
　　$y = 4 \times 2 - 5$
　　　$= 3$
よって，$-17 \leqq y \leqq 3$

(2) $y = -2x + 9$ に $x = -1$ を代入して，
　　$y = -2 \times (-1) + 9$

　　　$= 11$
$x = 4$ を代入して，
　　$y = -2 \times 4 + 9$
　　　$= 1$
よって，$1 \leqq y \leqq 11$

### ミス注意!

変化の割合が負の値のときは，$x$ が増えると $y$ は減ることに注意。
(2)は $11 \leqq y \leqq 1$ としないように。小さい数から大きい数の順で表す。

5 1次関数 $y = ax + b$ の $a$ と $b$ を問題文から読みとれないか考える。どちらか一方がわかれば，通る点の座標の値を代入して求める。

(1) 傾きが $-5$ だから，$y = -5x + b$
これに $x = 2$, $y = -3$ を代入して，
　　$-3 = -5 \times 2 + b$, $b = 7$
よって，$y = -5x + 7$

(2) 変化の割合が4だから，$y = 4x + b$
これに $x = 2$, $y = -1$ を代入して，
　　$-1 = 4 \times 2 + b$, $b = -9$
よって，$y = 4x - 9$

(3) 切片が $-3$ だから，$y = ax - 3$
これに $x = 5$, $y = 2$ を代入して，
　　$2 = 5a - 3$, $a = 1$
よって，$y = x - 3$

(4) 変化の割合は $\dfrac{13 - 3}{6 - 1} = 2$ だから，$y = 2x + b$

これに $x = 1$, $y = 3$ を代入して，
　　$3 = 2 \times 1 + b$, $b = 1$
よって，$y = 2x + 1$
($y = ax + b$ の $x$, $y$ に直接値を代入し，$a$, $b$ の連立方程式を解いてもよい。)

(5) 直線 $y = -2x + 4$ に平行だから，傾きが同じになるので，$y = -2x + b$
これに $x = 3$, $y = 1$ を代入して，
　　$1 = -2 \times 3 + b$, $b = 7$
よって，$y = -2x + 7$

## STEP 3 得点アップ問題　　　　本冊 P.36

1 ア，ウ

2 (1) ア 7　イ 3　ウ 3　(2) −2　(3) −10

3 (1) ア　(2) エ　(3) ア，イ，エ，オ　(4) ウ　(5) カ

4 (1)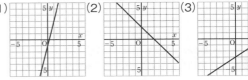

5 (1) $y = 2x$　(2) $y = \dfrac{2}{3}x + 1$　(3) $y = -x - 4$

6 (1) $y = 3x + 5$　(2) $y = 2x + 3$　(3) $y = -\dfrac{1}{2}x + \dfrac{11}{2}$

　　(4) $y = -x + 5$　(5) $y = -3x + 9$

　　(6) $y = -2x + 15$

### 解説

1 $y = \sim$ の形にして，$y$ が $x$ の1次式で表されるかどうかを調べる。

**ア**（残りの長さ）＝（はじめの長さ）－（燃えた長さ）　となり，燃えた長さは，（1分間に燃える長さ）×（時間）と表すことができる。

よって，$y = 20 - 0.15x \rightarrow y = -0.15x + 20$

これは，$y$ が $x$ の1次関数であるといえる。

**イ**（円の面積）＝ π×（半径）² より，$y = \pi x^2$

これは，$y$ が $x$ の1次関数であるといえない。

**ウ**（入れた水の量）＝（1分間に入れる水の量）×（時間）より，

$$y = 5x$$

これは，$y = 5x + 0$ と考えることができるので，$y$ が $x$ の1次関数であるといえる。

**エ**（三角形の面積）＝ $\frac{1}{2}$ ×（底辺）×（高さ）　より，

$$20 = \frac{1}{2}xy \rightarrow y = \frac{40}{x}$$

これは，$y$ が $x$ の1次関数であるといえない。$y = \dfrac{a}{x}$ の形は，反比例の式である。

**2** (1) **ア** $y = -2x + 3$ に，$x = -2$ を代入する。

$$y = -2 \times (-2) + 3 = 7$$

　**イ** $x = 0$ なので，$y$ の値は切片と等しい。よって，3

　**ウ** $y = -2x + 3$ に，$y = -3$ を代入する。

$$-3 = -2x + 3$$
$$2x = 6$$
$$x = 3$$

(3) 1次関数 $y = ax + b$ において，

（$y$ の増加量）＝ $a$ ×（$x$ の増加量）より，$-2 \times 5 = -10$

よって，$y$ の増加量は $-10$

**3** (2)「$y$ 軸と点(0, 2)で交わる」ということは，「切片が2である」ということである。

(3)「グラフが右上がりの直線」ということは，「変化の割合が正の値」ということである。

(4)「平行な直線」ということは，「傾きが等しい直線」ということである。

(5) 変化の割合が $\dfrac{-1}{2} = -\dfrac{1}{2}$ の直線を選ぶ。

**4** 切片と傾きから通る2点の座標を求めて，その2点を通る直線をひく。

(1) 切片が $-1$ だから，点(0, $-1$)を通る。

傾きが4だから，座標平面上で，右へ1進むと上へ4進むので，点(1, 3)を通る。

(2) 切片が2だから，点(0, 2)を通る。

傾きが $-1$ だから，座標平面上で，右へ1進むと下へ1進むので，点(1, 1)を通る。

(3) 切片が $-3$ だから，点(0, $-3$)を通る。

傾きが $\dfrac{2}{3}$ だから，座標平面上で，右へ3進むと上へ2進むので，点(3, $-1$)を通る。

**5** 切片の値に注目してから，通る1点を読みとり，傾きを求める。

(1) 切片は0で，点(2, 4)を通ることから，

傾きは，$\dfrac{4-0}{2-0} = 2$　　よって，$y = 2x$

(2) 切片は1で，点(3, 3)を通ることから，

傾きは，$\dfrac{3-1}{3-0} = \dfrac{2}{3}$　　よって，$y = \dfrac{2}{3}x + 1$

(3) 切片は $-4$ で，点($-4$, 0)を通ることから，

傾きは，$\dfrac{-4-0}{0-(-4)} = -1$　　よって，$y = -x - 4$

**6** (1) 変化の割合が3だから，$y = 3x + b$

これに $x = -4$，$y = -7$ を代入して，

$$-7 = 3 \times (-4) + b, \quad b = 5$$

よって，$y = 3x + 5$

(2) 変化の割合は，$\dfrac{5-(-1)}{1-(-2)} = \dfrac{6}{3} = 2$ だから，

$$y = 2x + b$$

これに $x = 1$，$y = 5$ を代入して，

$$5 = 2 \times 1 + b, \quad b = 3$$

よって，$y = 2x + 3$

(3) 変化の割合は，$\dfrac{-4}{8} = -\dfrac{1}{2}$ だから，$y = -\dfrac{1}{2}x + b$

これに $x = 3$，$y = 4$ を代入して，

$$4 = -\dfrac{1}{2} \times 3 + b, \quad b = \dfrac{11}{2}$$

よって，$y = -\dfrac{1}{2}x + \dfrac{11}{2}$

(4) 直線 $y = -x + 4$ と傾きが同じだから，$y = -x + b$

また，直線 $y = -\dfrac{2}{3}x + 5$ と $y$ 軸上で交わるので，

切片が同じである。よって，$y = -x + 5$

(5) 直線 $y = -3x + 1$ と平行だから，傾きが同じになるので，$y = -3x + b$

これに，$x = 2$，$y = 3$ を代入して，

$$3 = -3 \times 2 + b, \quad b = 9$$

よって，$y = -3x + 9$

(6) 傾きが負の値なので，$x$ が増加すると $y$ は減少するから，この1次関数のグラフは2点(3, 9)，(5, 5)を通る。

よって，傾きは，$\dfrac{5-9}{5-3} = -2$ だから，$y = -2x + b$

これに，$x = 5$，$y = 5$ を代入して，

$$5 = -2 \times 5 + b, \quad b = 15$$

よって，$y = -2x + 15$

**ミス注意!**

変域から通る点を求めるときは，傾きの正負で $x$ と $y$ の対応が逆になる。

(6)で，傾きが正ならば，2点(3, 5)，(5, 9)を通る直線になる。

# 2 1次関数と方程式・1次関数の利用

## テストの **要点** を書いて確認
本冊 P.38

① 傾き $\dfrac{2}{3}$, 切片 2

② $y = -6x + 30$

本冊 P.39

**1** (1) ㋤　(2) ㋑　(3) ㋦　(4) ㋐

**2** 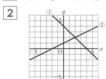　　$x=2$, $y=2$

**3** (1) $0 \leqq x \leqq 5$　(2) $y = 4x$

**4** (1) $y = \dfrac{1}{10}x$　(2) 9時33分20秒

### 解 説

**1** $y = ax + b$ の形に変形し, 傾きと切片を求める。
(1) $x - y = -1 \rightarrow y = x + 1$　より, 傾きが1, 切片が1の直線を選ぶ。
(2) $2x + y + 4 = 0 \rightarrow y = -2x - 4$　より, 傾きが$-2$, 切片が$-4$の直線を選ぶ。
(3) $3x - y = 2 \rightarrow y = 3x - 2$　より, 傾きが3, 切片が$-2$の直線を選ぶ。
(4) $x = 4 \rightarrow$点$(4, 0)$を通る, $y$軸に平行な直線を選ぶ。

**2** かいたグラフの交点を読みとる。

**3** 点PがAB上のときの図をかいて, $y$を$x$の式で表す。
(2) 点PがAB上
$(0 \leqq x \leqq 5)$のとき,
$\mathrm{AP} = x\mathrm{cm}$より,

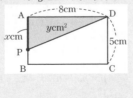

$y = \triangle \mathrm{APD}$
$= \dfrac{1}{2} \times \mathrm{AD} \times \mathrm{AP}$
$= \dfrac{1}{2} \times 8 \times x = 4x$

**4** グラフから, 直線の傾き(速さ)や通る点の座標(時間, 道のり)を求める。
(1) グラフから, 兄の速さは50分で5km進んだから,

$5 \div 50 = \dfrac{1}{10}$(km/分)

つまり, 傾きは $\dfrac{1}{10}$

この直線は原点を通ることから, $y = \dfrac{1}{10}x$　…①

(2) グラフより, 愛さんの速さは20分で5km進んだから,

$5 \div 20 = \dfrac{1}{4}$(km/分)

愛さんのグラフの式を$y = \dfrac{1}{4}x + b$とおくと,

このグラフは$(20, 0)$を通るので,

$0 = \dfrac{1}{4} \times 20 + b$, $b = -5$

よって, $y = \dfrac{1}{4}x - 5$　…②

---

①と②を連立方程式として解く。
①を②に代入すると,

$$\dfrac{1}{10}x = \dfrac{1}{4}x - 5$$

$$-\dfrac{3}{20}x = -5$$

$$x = \dfrac{100}{3} = 33\dfrac{1}{3}(分)$$

$\dfrac{1}{3}$分は, $60 \times \dfrac{1}{3} = 20$(秒)

したがって, 9時33分20秒

本冊 P.40

**1** (1) $x=3$, $y=3$

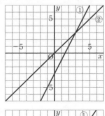

(2) $x=2$, $y=1$

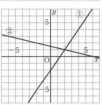

**2** (1) $y = -x + 5$　(2) $(1, 4)$　(3) $12\mathrm{cm}^2$

**3** (1) $a = -1$　(2) $a = -1$

**4** (1)

(2) $y = -6x + 108$

**5** (1) 3km, 10分間　(2) 花屋に着く前　(3) $\dfrac{23}{5}$km

### 解 説

**1** かいたグラフの交点を読みとる。

**2** (1) 直線②の切片は5, 傾きは $\dfrac{0-5}{5-0} = -1$ だから,

$y = -x + 5$

(2) 連立方程式 $\begin{cases} y = 2x + 2 \\ y = -x + 5 \end{cases}$ を解くと,

$2x + 2 = -x + 5$, $x = 1$
これを $y = 2x + 2$ に代入すると, $y = 2 \times 1 + 2$, $y = 4$
よって, 点Cの座標は, $(1, 4)$
(3) $\triangle \mathrm{ABC}$の底辺をABとすると, 高さはCの$y$座標になる。
$\mathrm{A}(-1, 0)$, $\mathrm{B}(5, 0)$より, 底辺の長さは6cm
Cの$y$座標は4だから, 高さは4cm
よって, $\triangle \mathrm{ABC}$の面積は,

$$\dfrac{1}{2} \times 6 \times 4 = 12(\mathrm{cm}^2)$$

**3** (1) $y = \dfrac{1}{4}x + 4$に$x = 4$を代入すると,

$$y = \frac{1}{4} \times 4 + 4, \quad y = 5$$

よって，2直線の交点は，$(4, 5)$

$y = ax + 9$に，$x = 4$，$y = 5$を代入すると，

$5 = 4a + 9, \quad a = -1$

(2) まず，2直線$3x + y = 6$ …①，$x - 2y = -5$ …②
の交点を求める。

①を変形すると，$y = -3x + 6$ …①′

①′を②に代入して，$x - 2(-3x + 6) = -5, \quad x = 1$

$x = 1$を①′に代入して，$y = -3 \times 1 + 6 = 3$

よって，3直線が交わる1点の座標は，$(1, 3)$

$x + ay = -2$に$x = 1$，$y = 3$を代入して，

$1 + 3a = -2, \quad a = -1$

**4** (2) $x$の変域が$12 \leqq x \leqq 18$
のときは，右の図のグラ
フの太線の部分である。
このグラフは，$(12, 36)$，
$(18, 0)$の2点を通るので，
傾きは，

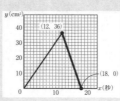

$$\frac{36 - 0}{12 - 18} = \frac{36}{-6} = -6$$

よって，$y = -6x + b$

この式に，$x = 18$，$y = 0$を代入して，

$0 = -6 \times 18 + b, \quad b = 108$

したがって，求める式は，$y = -6x + 108$

**5** (2) グラフを調べると，花屋に着く前のほうが，花屋
を出た後よりも傾きが急であることがわかる。

(3) Aさんが家を出てから12分後，つまり，$0 \leqq x \leqq 20$
のグラフを式に表す。

グラフを調べると，切片が7であることがわかるので，

$y = ax + 7$

この式に，$x = 20$，$y = 3$を代入すると，

$3 = 20a + 7, \quad a = -\frac{1}{5}$

よって，$y = -\frac{1}{5}x + 7$

この式に，$x = 12$を代入すると，

$$y = -\frac{1}{5} \times 12 + 7 = \frac{23}{5} \, (\text{km})$$

---

## 定期テスト予想問題　本冊 P.42

**❶** (1) $-16$　(2) $a = 1$，$b = 2$　(3) $y = \frac{3}{2}x - 1$

(4) $-1 \leqq y \leqq 14$　(5) 傾き$\frac{1}{2}$，切片$-\frac{3}{2}$

(6) $\left(-\frac{3}{2}, \, 0\right)$　(7) $(-1, \, 3)$

**❷** (1) $\left(-\frac{4}{5}, \, \frac{18}{5}\right)$　(2) $(-2, \, 0)$

(3) $\frac{27}{5}\text{cm}^2$

(4) $y = -12x - 6$

**❸** (1) $y = 6x$　(2) $y = 42$　(3) $y = -6x + 156$

(4)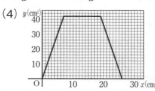

**❹** (1) $5\text{cm}$　(2) $y = \frac{5}{3}x$

### 解 説

**❶** (1) $y = -2x + 5$において，

$x = -5$のとき，$y = 15$，$x = 3$のとき，$y = -1$

よって，$y$の増加量は，$-1 - 15 = -16$

(別解)

$(y$の増加量$) = a \times (x$の増加量$)$を利用して，

$x$の増加量は，$3 - (-5) = 8$より，

$(y$の増加量$) = -2 \times 8 = -16$

(2) $y = ax + b$の$a$はグラフの傾きで，$b$は切片。

$$a = \frac{6 - 1}{4 - (-1)} = \frac{5}{5} = 1$$

$y = x + b$に，$x = 4$，$y = 6$を代入して，

$6 = 4 + b, \quad b = 2$

(別解)

$y = ax + b$に$x = 4$，$y = 6$と$x = -1$，$y = 1$をそれぞれ
代入して，

$$\begin{cases} 6 = 4a + b \\ 1 = -a + b \end{cases}$$

この連立方程式を解いて，$a = 1$，$b = 2$

(3) 平行な2つの直線は傾きが等しいから，求める直
線の式を$y = \frac{3}{2}x + b$とおく。

点$(2, 2)$を通るから，$2 = \frac{3}{2} \times 2 + b, \quad b = -1$

よって，$y = \frac{3}{2}x - 1$

(4) 変域の両端の値を代入する。

$y = -3x + 5$に，$x = -3$を代入して，

$y = -3 \times (-3) + 5 = 14$

$y = -3x + 5$に，$x = 2$を代入して，

$y = -3 \times 2 + 5 = -1$

よって，$-1 \leqq y \leqq 14$

(5) $3x - 6y = 9$を$y$について解く。

$-6y = -3x + 9, \quad y = \frac{1}{2}x - \frac{3}{2}$

よって, 傾きは $\dfrac{1}{2}$, 切片は $-\dfrac{3}{2}$

(6) $x$軸上の点の$y$座標は$0$だから,
$-8x + 2y = 12$に, $y = 0$を代入して,
$$-8x = 12, \quad x = -\dfrac{3}{2}$$

よって, 交点の座標は, $\left(-\dfrac{3}{2}, \ 0\right)$

(7) 交点の座標は, $2$つの直線の式を連立方程式として解いたときの解である.
$$\begin{cases} y = 2x + 5 \\ y = -4x - 1 \end{cases}$$
この連立方程式を解いて, $x = -1$, $y = 3$
よって, 交点の座標は, $(-1, \ 3)$

**❷** (1) 点Pは直線①と②の交点だから, $2$つの直線の式を連立方程式として解く.
$$\begin{cases} y = 3x + 6 & \cdots① \\ y = -2x + 2 & \cdots② \end{cases}$$
これを解いて, $x = -\dfrac{4}{5}$, $y = \dfrac{18}{5}$

よって, $\mathrm{P}\left(-\dfrac{4}{5}, \ \dfrac{18}{5}\right)$

(2) Aは$x$軸上の点なので$y$座標は$0$だから, ①の直線の式に $y = 0$を代入する.
$$0 = 3x + 6, \quad x = -2$$
よって, $\mathrm{A}(-2, \ 0)$

(3) △PABの底辺をABとすると高さは点Pの$y$座標になる.
Bは$x$軸上の点なので, ②の直線の式に $y = 0$を代入する.
$0 = -2x + 2$, $x = 1$より, $\mathrm{B}(1, \ 0)$
$(底辺) = \mathrm{AB} = 1 - (-2) = 3$
$(高さ) = (点Pの$y$座標) = \dfrac{18}{5}$

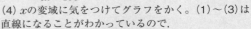

よって, △PABの面積は,
$$\dfrac{1}{2} \times 3 \times \dfrac{18}{5} = \dfrac{27}{5}(\mathrm{cm}^2)$$

(4) 点Pを通る直線で分けられた$2$つの三角形は, ABと重なる辺を底辺とすると高さが等しいので, 底辺の長さが等しいとき面積は等しくなる.

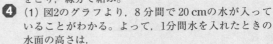

よって, 直線が底辺ABの中点Mを通ればよい.
$\mathrm{AB} = 3$だから, $\mathrm{AM} = \mathrm{BM} = \dfrac{3}{2}$

よって, 点Mの$x$座標は,
$-2 + \dfrac{3}{2} = -\dfrac{1}{2}$より, $\mathrm{M}\left(-\dfrac{1}{2}, \ 0\right)$

求める直線PMの式を $y = ax + b$とおく.
$\mathrm{P}\left(-\dfrac{4}{5}, \ \dfrac{18}{5}\right)$, $\mathrm{M}\left(-\dfrac{1}{2}, \ 0\right)$を通るから,
$$\begin{cases} \dfrac{18}{5} = -\dfrac{4}{5}a + b & \cdots① \\ 0 = -\dfrac{1}{2}a + b & \cdots② \end{cases}$$
これを解いて, $a = -12$, $b = -6$
よって, 求める直線の式は, $y = -12x - 6$

**❸** 点PがBC上, CD上, DA上のときの図をかいて, $y$を$x$の式で表す.

(1) 点PがBC上$(0 \leqq x \leqq 7)$のとき,
$\mathrm{BP} = x\mathrm{cm}$より,
$$\begin{aligned} y &= △\mathrm{ABP} \\ &= \dfrac{1}{2} \times \mathrm{AB} \times \mathrm{BP} \\ &= \dfrac{1}{2} \times 12 \times x = 6x \end{aligned}$$

(2) 点PがCD上$(7 \leqq x \leqq 19)$のとき,
$$\begin{aligned} y &= △\mathrm{ABP} \\ &= \dfrac{1}{2} \times \mathrm{AB} \times \mathrm{AD} \\ &= \dfrac{1}{2} \times 12 \times 7 \\ &= 42 \end{aligned}$$

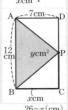

(3) 点PがDA上$(19 \leqq x \leqq 26)$のとき,
$$\begin{aligned} \mathrm{AP} &= (\mathrm{BC} + \mathrm{CD} + \mathrm{DA}) - x \\ &= 26 - x(\mathrm{cm}) \end{aligned}$$ より,
$$\begin{aligned} y &= △\mathrm{ABP} \\ &= \dfrac{1}{2} \times \mathrm{AB} \times \mathrm{AP} \\ &= \dfrac{1}{2} \times 12 \times (26 - x) \\ &= -6x + 156 \end{aligned}$$

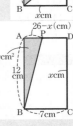

(4) $x$の変域に気をつけてグラフをかく. (1)〜(3)は直線になることがわかっているので,
点PがB上$(x = 0, \ y = 0)$, C上$(x = 7, \ y = 42)$, D上$(x = 19, \ y = 42)$, A上$(x = 26, \ y = 0)$のときの座標をとり, 線分で結ぶ.

**❹** (1) 図2のグラフより, $8$分間で$20\,\mathrm{cm}$の水が入っていることがわかる. よって, $1$分間水を入れたときの水面の高さは,
$$20 \div 8 = \dfrac{5}{2}(\mathrm{cm})$$

したがって, $2$分後の水面の高さは,
$$\dfrac{5}{2} \times 2 = 5(\mathrm{cm})$$

(2) 給水を始めて$12$分後から$18$分後までのグラフは, 右のグラフの太線部分である.
このグラフは,
$(12, \ 20)$, $(18, \ 30)$ の$2$点を通るので,
傾きは,
$$\dfrac{30 - 20}{18 - 12} = \dfrac{5}{3}$$

よって, $y = \dfrac{5}{3}x + b$と表すことができる.

この式に, $x = 12$, $y = 20$を代入すると,
$$20 = \dfrac{5}{3} \times 12 + b, \quad b = 0$$

したがって, 求める式は, $y = \dfrac{5}{3}x$

# 1 平行線と角

## テストの 要点 を書いて確認　　　本冊 P.44

① (1) 91°　(2) 105°

**1** ∠$x$=53°　∠$y$=85°　∠$z$=42°

**2** (1) 110°　(2) 57°　(3) 127°　(4) 19°

**3** (1) 900°　(2) 2160°　(3) 360°　(4) 108°
　　(5) 30°

### 解説

**1** 対頂角は等しいので，∠$x$=53°，∠$z$=42°
　また，一直線の角は180°なので，
　　∠$y$=180°−(53°+42°)
　　　　=85°

**2** (1) 平行線の同位角は等しいので，下の図のように
なる。
　よって，∠$x$=180°−70°
　　　　　　　=110°

(2) ℓ，$m$に平行な直線$n$を下の図のようにひくと，
　　∠$x$=80°−23°
　　　　=57°

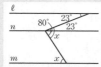

(3) 平行線の同位角は等しいから，下の図のように
なり，
　　∠$x$=62°+65°
　　　　=127°

(4) 平行線の同位角は等しいので，下の図のように
なり，
　　∠$x$=59°−40°
　　　　=19°

**3** (1) 180°×(7−2)=900°
　　(2) 180°×(14−2)=2160°
　　(4) 五角形の内角の和は，
　　　　180°×(5−2)=540°

よって，1つの内角の大きさは，
　　540°÷5=108°
（別解）
多角形の外角の和は360°なので，正五角形の1つの外
角の大きさは，360°÷5=72°
1つの内角と外角の和は180°だから，
　　180°−72°=108°
(5) どんな多角形でも外角の和は360°である。
正十二角形には外角が12個あり，すべて角の大きさは
等しいから，1つの外角の大きさは，360°÷12=30°

**1** (1) ℓ//$n$　理由　同位角（45°の部分）が等しいから。
　　(2) 75°　(3) 45°　(4) 120°

**2** (1) ∠$x$=105°　(2) ∠$x$=90°　(3) ∠$x$=63°
　　(4) ∠$x$=115°　∠$y$=65°

**3** (1) 1440°　(2) 十一角形　(3) 正六角形
　　(4) 正十八角形

**4** (1) 25°　(2) 123°　(3) 75°　(4) 96°

**5** (1) 180°　(2) 180°

### 解説

**1** (4) ∠$z$は下の図のかげをつけた三角形の外角になる
ので，
　　∠$z$=45°+75°
　　　　=120°

**2** (1) 下の図のように，ℓ，$m$に平行な直線$n$をひく。
　　∠$a$=180°−120°
　　　　=60°
　　∠$b$=180°−135°
　　　　=45°
　平行線の錯角は等しいので，
　　∠$x$=∠$a$+∠$b$
　　　　=105°

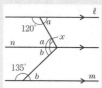

（別解）
下の図のように補助線をひく。多角形の外角の和は
360°なので，
　　∠$x$=360°−(135°+120°)
　　　　=105°

(2) 次の図のように，ℓ，$m$に平行な直線$p$，$q$をひく。
平行線の錯角は等しいので，
　　∠$a$=15°，∠$c$=50°
また，∠$a$+∠$b$=55°より，
　　∠$b$=55°−∠$a$

$$= 40°$$
よって，$\angle x = \angle b + \angle c$
$$= 90°$$

(3) 平行線の同位角は等しいので，下の図のようになり，
$$\angle x = 180° - (80° + 37°)$$
$$= 63°$$

(4) 下の図のように$\angle a$と$\angle b$を定めると，平行線の同位角は等しいから，$\angle a = 50°$
また，平行線の錯角は等しいから，$\angle b = 65°$
一直線は180°だから，
$$\angle x = 180° - \angle b$$
$$= 115°$$
$$\angle y = 180° - (\angle a + 65°)$$
$$= 65°$$

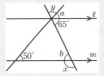

**3** (1) $180° \times (10 - 2) = 1440°$
(2) $180° \times (n - 2) = 1620°$ の両辺を180°でわって，
$$n - 2 = 9$$
よって，$n = 11$ より，十一角形
(3) 1つの内角が120°の正$n$角形の内角の和は，
$$120° \times n$$
これが，$180° \times (n - 2)$ と等しくなるので，
$$120° \times n = 180° \times (n - 2)$$
$$120° \times n = 180° \times n - 360°$$
$$-60° \times n = -360°$$
よって，$n = 6$
（別解）
1つの内角が120°なので，1つの外角は，
$$180° - 120° = 60°$$
$n$角形の外角の和は360°だから，$60° \times n = 360°$ より，
$$n = 6$$
(4) 1つの外角が20°の正$n$角形の外角の和は，
$$20° \times n$$
これが360°と等しくなるので，$20° \times n = 360°$
よって，$n = 18$

**4** (1) ☆の部分は，上側の三角形を考えると，
$$\angle ☆ = \angle x + 55°$$
下側の三角形を考えると，
$$\angle ☆ = 30° + 50°$$
$$= 80°$$
よって，$\angle x + 55° = 80°$
$$\angle x = 25°$$

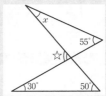

(2) 下の図のように，2つの三角形に分けることで，$\angle x$ は三角形の外角となる。
よって，$\angle x = 30° + 93°$
$$= 123°$$

(3) 外角が95°だから，内角は85°である。四角形の内角の和は360°なので，
$$\angle x + 120° + 85° + 80° = 360°$$
よって，$\angle x = 75°$

(4) 内角が100°，105°の外角はそれぞれ80°，75°である。多角形の外角の和は360°なので，
$$\angle y + 56° + 80° + 75° + 65° = 360°$$
よって，$\angle y = 84°$
$\angle y$ は$\angle x$の外角だから，
$$\angle x = 180° - \angle y$$
$$= 96°$$

**5** (1) 右の図1のように考えると，$\angle a \sim \angle e$の和は1つの三角形の内角の和に等しいことがわかる。
（別解）
右の図2のように補助線をひくと，$\angle○ + \angle●$ が$\angle b + \angle e$に等しいことから，$\angle a \sim \angle e$の和は1つの三角形の内角の和に等しいことがわかる。

(2) 右の図3のように補助線をひくと，
$$\angle a + \angle b + \angle c + \angle○ + \angle● = 180°$$
であり，
$$\angle○ + \angle● = \angle e + \angle d$$
だから，$\angle a \sim \angle e$の和は1つの三角形の内角の和に等しいことがわかる。

（別解）
右の図4のように三角形の外角を考えると，$\angle a \sim \angle e$の和は1つの三角形の内角の和に等しいことがわかる。

**テストの 要点 を書いて確認**　　　　　本冊 P.48

① ACとPR　3組の辺がそれぞれ等しい。

　　∠Bと∠Q　2組の辺とその間の角がそれぞれ等しい。

　（どちらを答えても可）

　　　　　　　　　　　　　　　　　　　本冊 P.49

**1** ③, ⑤

**2** (1) ①OB　②BP

　(2) (あ)OB　(い)AP　(う)3組の辺

　　(え)角の大きさ　(お)AOP

**3** (証明)△AOBと△CODにおいて，

　仮定のAB∥DCより，平行線の錯角は等しいから，

　　　∠OAB＝∠OCD　…①

　仮定より，

　　　AO＝CO　…②

　対頂角は等しいから，

　　　∠AOB＝∠COD　…③

　①，②，③より，1組の辺とその両端の角がそれぞれ

　等しいので，△AOB≡△COD

　合同な図形の対応する辺の長さは等しいから，

　　　AB＝CD

**解説**

**1** ③と⑤を図で表すと，次のようになる。

　③…2組の辺とその間の角がそれぞれ等しい

　⑤…1組の辺とその両端の角がそれぞれ等しい

　これら以外は，三角形の合同条件にあてはまらない。

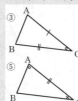
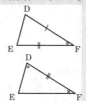

**2** (1) 角の二等分線の
　作図の手順は，

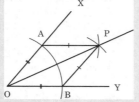

　　①点Oを中心とす
　　る円をかき，OX，
　　OYとの交点をそれ
　　ぞれA，Bとする。
　　②A，Bを中心とし
　　て等しい半径の円
　をかき，その交点をPとする。
　　③半直線OPをひく。
　である。
　よって，①からOA＝OB，②からAP＝BPが仮定と
　なる。
　(2) (あ)と(い)は仮定，(お)は結論である。
　(う)は(i)，(ii)，(iii)が3組の辺について述べているので，

あてはまる合同条件は「3組の辺がそれぞれ等しい」
である。

**3** AB＝CDを証明するに
は，△AOBと△CODが
合同であることから，対
応する辺の長さが等しい
ことを証明すればよい。
仮定からは，「辺の長さ」
の条件しか合同条件には

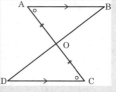

使えない。しかし，平行線の性質から錯角を探すと，
∠OAB＝∠OCDという「角の大きさ」についての条
件がわかる。
よって，仮定以外から探す条件は，
・∠AOB＝∠COD（1組の辺とその両端の角）
・AB＝CD（2組の辺とその間の角）
が考えられる。AB＝CDは結論なので，証明には使
えないことに注意する。

**ミス注意!**

> 証明は，仮定から出発して結論を導くことだから，
> 結論を証明の根拠にすることはできないことに
> 注意。

　　　　　　　　　　　　　　　　　　本冊 P.50

**1** △ABC≡△HIG（△HGI）

　(合同条件)3組の辺がそれぞれ等しい

　△DEF≡△NMO

　(合同条件)2組の辺とその間の角がそれぞれ等しい

　△JKL≡△TUS

　(合同条件)1組の辺とその両端の角がそれぞれ等しい

**2** (1) CA＝RP　(2) ∠B＝∠Q　(3) CA＝RP

　(4) ∠B＝∠Q

**3** (1) △ABP≡△ACP

　(合同条件)3組の辺がそれぞれ等しい

　(2) △ABP≡△DCP

　(合同条件)2組の辺とその間の角がそれぞれ等しい

　(3) △ACD≡△ECB

　(合同条件)2組の辺とその間の角がそれぞれ等しい

　(別解)

　△ABF≡△EDF

　(合同条件)1組の辺とその両端の角がそれぞれ等しい

　(4) △ABP≡△DCP

　(合同条件)1組の辺とその両端の角がそれぞれ等しい

**4** (証明)△ABDと△CDBにおいて，

　仮定より，AB＝CD　…①

　　　　　　AD＝CB　…②

　共通な辺だから，

　　　　　　BD＝DB　…③

　①，②，③より，3組の辺がそれぞれ等しいので，

　　　△ABD≡△CDB

　合同な図形の対応する角の大きさは等しいから，

∠ABD＝∠CDB

よって，錯角が等しい2直線は平行だから，AB∥CD

**5** (証明)ABとCDの交点をOとし，点Aと点D，点Bと点Cをそれぞれ直線で結んで，△OADと△OBCをつくる。

△OADと△OBCにおいて，

仮定より，OA＝OB …①

　　　　　OD＝OC …②

対頂角は等しいから，

　　　∠AOD＝∠BOC …③

①，②，③より，2組の辺とその間の角がそれぞれ等しいので，△OAD≡△OBC

合同な図形の対応する辺の長さは等しいから，

　　　　　　AD＝BC

**6** (証明)△ABCと△DBCにおいて，

∠ABC＝180°－（∠ACB＋∠BAC）

∠DBC＝180°－（∠DCB＋∠BDC）

仮定より，∠ACB＝∠DCB …①

　　　　　∠BAC＝∠BDC

よって，　∠ABC＝∠DBC …②

共通な辺だから，BC＝BC …③

①，②，③より，1組の辺とその両端の角がそれぞれ等しいので，△ABC≡△DBC

**解説**

**1** △ABCと△HIGにおいて，

　AB＝HI

　AC＝HG

　BC＝IG

よって，3組の辺がそれぞれ等しいので，

△ABC≡△HIG

△DEFと△NMOにおいて，

　DE＝NM

　EF＝MO

　∠E＝∠M＝90°

よって，2組の辺とその間の角がそれぞれ等しいので，

△DEF≡△NMO

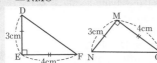

△JKLと△TUSにおいて，

　JK＝TU

　∠J＝∠T

また，∠U＝180°－（30°＋70°）＝80°だから，

　∠K＝∠U

よって，1組の辺とその両端の角がそれぞれ等しいの

で，△JKL≡△TUS

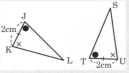

**2** (1)2組の辺とその間の角がそれぞれ等しい。

(2)1組の辺とその両端の角がそれぞれ等しい。

(3)3組の辺がそれぞれ等しい。

(4)2組の辺とその間の角がそれぞれ等しい。

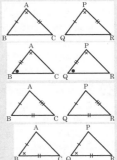

**3** (1)△ABPと△ACPにおいて，

　AB＝AC

　BP＝CP

　APは共通

よって，3組の辺がそれぞれ等しいので，

△ABP≡△ACP

(2)△ABPと△DCPにおいて，

　AP＝DP

　BP＝CP

対頂角は等しいから，

　∠APB＝∠DPC

よって，2組の辺とその間の角がそれぞれ等しいので，

△ABP≡△DCP

(3)△ACDと△ECBにおいて，

AB＝ED，BC＝DCより，

　AC＝EC

　CD＝CB

　∠Cは共通

よって，2組の辺とその間の角がそれぞれ等しいので，

△ACD≡△ECB

(別解)

△ABFと△EDFにおいて，

　AB＝ED

△ACD≡△ECBより，

　∠A＝∠E

また，∠ADC＝∠EBCだから，

　∠ABF＝∠EDF

よって，1組の辺とその両端の角がそれぞれ等しいので，△ABF≡△EDF

25

(4) △ABPと△DCPにおいて，

　　BP＝CP

対頂角は等しいから，

　　∠APB＝∠DPC

平行線の錯角は等しい
から，

　　∠ABP＝∠DCP

よって，1組の辺とその
両端の角がそれぞれ等しいので，△ABP≡△DCP

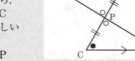

**ミス注意！**

　図は必ず自分でかく。その図の中の等しい辺や角
　に印をつけながら考えること。

**4** 2直線が平行であること
を証明するには，同位角
か錯角が等しいことをい
えばよい。
この問題では，△ABDと
△CDBが合同であること
から，錯角である∠ABD
と∠CDBが等しいことを示す。
△ABDと△CDBの合同を証明するための仮定以外の
条件は，共通な辺であるBD＝DBを使う。

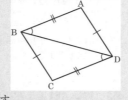

**5** まず，線分AD，線分BCをひいてみる。ABとCDとの
交点をOとすると，△OADと△OBCが合同であるこ
とから，対応する辺の長さが等しいことが証明できる。
線分ABと線分CDがそれぞれの中点で交わるという
条件は，次のように読みかえる。

　　OA＝OB

　　OD＝OC

これら2つの仮定以外に用
いる3つ目の条件は，対頂
角の∠AOD＝∠BOCで
ある。

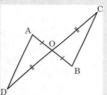

**6** 共通な辺BCがあるので，「1組の辺とその両端の角が
それぞれ等しい」を目標とする。
次の図で，△ABC，△DBCは，2組の角がそれぞれ
等しいことがわかっているので，残りの角も等しいこ
とを利用する。

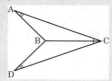

**❶** (1) 150° (2) 58° (3) 23° (4) 30° (5) 83°
(6) 8° (7) 35° (8) 27.5°

**❷** (1) 360° (2) 26°

**❸** (証明)△PDQと△PBRにおいて，

仮定より，PD＝PB　…①

対頂角は等しいから，

　　∠QPD＝∠RPB　…②

平行線の錯角は等しいから，

　　∠PDQ＝∠PBR　…③

①，②，③より，1組の辺とその両端の角がそれぞれ
等しいので，△PDQ≡△PBR

合同な図形の対応する辺の長さは等しいから，

　　DQ＝BR

**❹** (証明)QとA，Bをそれぞれ結ぶ。

△APQと△BPQにおいて，

同じ円の半径だから，AP＝BP　…①

等しい半径だから，AQ＝BQ　…②

共通な辺だから，PQ＝PQ　…③

①，②，③より，3組の辺がそれぞれ等しいので，

△APQ≡△BPQ

合同な図形の対応する角の大きさは等しいから，

∠APQ＝∠BPQ

また，一直線の角は180°だから，

　∠APQ＋∠BPQ＝180°

よって，∠APQ＝∠BPQ＝90°

したがって，PQ⊥ℓ

**解説**

**❶** (1) 直線ℓ，mに平行な
直線nを右の図のように
ひくと，

　　∠x＝180°－30°

　　　＝150°

(別解)

右の図のように補助線
をひくと，かげをつけ
た三角形の内角と外角
の関係より，

　　∠x＝(180°－120°)

　　　　＋90°

　　　＝150°

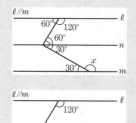

(2) 直線ℓ，mに平行な
直線nを右の図のように
ひくと，

　　∠x＝38°＋20°

　　　＝58°

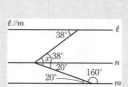

(3) 平行線の錯角は等しい
ので，右の図のようになる。
よって，三角形の内角と外
角の関係より，
∠x＝60°－37°
＝23°

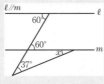

(4) 平行線の同位角は等し
いので，右の図のようにな
る。したがって，三角形の
内角の和から，
∠x＝180°－（35°＋115°）
＝30°

(5) 右の図のように∠a
を定めると，三角形の内
角と外角の関係より，
∠a＝∠x＋32°
∠a＝75°＋40°
よって，
∠x＋32°＝75°＋40°
∠x＝83°

(6) 右の図のように∠aと
∠bを定めると，三角形の
内角の和は180°だから，
67°＋43°＋∠a＋∠b＋22°
＝180°…①
(5)と同様に考えて，
∠a＋∠b＝∠x＋40°
これを①に代入すると，
67°＋43°＋∠x＋40°＋22°＝180°
よって，∠x＝8°

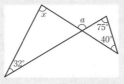

(7) 右の図のように∠aを
定めると，三角形の内角
と外角の関係より，
∠a＝60°＋20°＝80°
∠x＋∠a＝115°
よって，
∠x＋80°＝115°
∠x＝35°

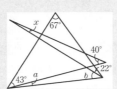

(8) 右の図のように補助
線をひき，∠aを定めると，
三角形の内角と外角の関
係より，
∠a＝∠x＋55°…①
110°＝∠x＋∠a
これに①を代入すると，
110°＝∠x＋∠x＋55°，∠x＝27.5°

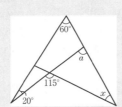

❷ (1) 下の図のように，印のついた角と×印の角を合わ
せた9つの角の大きさの和は，三角形3つの内角の和
に等しいから，
180°×3＝540°
このうち，×印の3つの角の大きさの和は，対頂角が
等しいことから，中央にある三角形の内角の和に等し
いので180°
よって，540°－180°＝360°

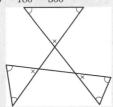

下の図のように，印のついた角2つずつの大きさの和
は，中央の三角形の外角の大きさに等しくなる。
したがって，多角形の外角の和は360°だから，印の
ついた角の大きさの和も360°

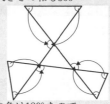

(2) 一直線の角は180°なので，
∠AGE＝180°－（38°＋90°）＝52°
平行線の錯角は等しいから，
∠GEC＝∠AGE＝52°
∠GEF＝∠CEFなので，
∠GEF＝52°÷2
＝26°

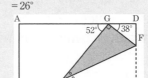

❸ DQ＝BRを証明するので，DQとBRが対応する辺に
なるような2つの三角形で，仮定で与えられた条件を
利用することができる三角形の合同を示せばよい。
よって，△PDQと△PBRの合同を証明する。
「対角線BDの中点」という仮定は，PD＝PBと読み
かえる。あとは，対頂角が等しいこと，平行線の錯角
が等しいことを利用して，「1組の辺とその両端の角が
それぞれ等しい」という合同条件をあてはめる。

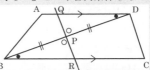

❹ 直線ℓ上の点Pを通る垂線の作図の手順は，
　①Pを中心とする円をかき，直線ℓとの交点をA，B
とする。
　②A，Bを中心と
して等しい半径
の円をかき，その
交点をQとする。
　③直線PQをひく。
よって，
①からAP＝BP
②からAQ＝BQ
が仮定になる。
さらに，PQが共通であることから，「3組の辺がそれ
ぞれ等しい」という合同条件を使って，△APQと
△BPQの合同を示す。続いて，∠APQと∠BPQが等
しいこと，それらの和が180°であることから，
∠APQ＝∠BPQ＝90°をいえばよい。

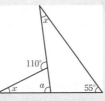

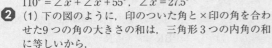

# 1 二等辺三角形

## STEP 1 要点チェック

**テストの 要点 を書いて確認**　　本冊 P.54

① 2つの三角形において，面積が等しければ合同である。
正しくない。

## STEP 2 基本問題　　本冊 P.55

**1** (1) $xy=10$ ならば，$x=5$，$y=2$ である。正しくない。

(2) 整数 $x$，$y$ の積 $xy$ が偶数ならば，$x$，$y$ はともに偶数である。　正しくない。

(3) 三角形の2つの角が等しければ，二等辺三角形である。　正しい。

(4) △ABCと△PQRで，∠A＝∠P，∠B＝∠Q，∠C＝∠Rであれば，△ABC≡△PQRである。
正しくない。

**2** (1) 40°　(2) 50°

**3** (証明)△ABPと△ACQにおいて，

仮定より，AB＝AC　…①

BP＝CQ　…②

二等辺三角形の底角は等しいから，

∠ABP＝∠ACQ　…③

①，②，③より，2組の辺とその間の角がそれぞれ等しいので，△ABP≡△ACQ

合同な図形の対応する辺の長さは等しいから，

AP＝AQ

よって，△APQは二等辺三角形である。

### 解　説

**1** (1) 例えば，$x=1$，$y=10$ のときも，$xy=10$ となる。このように，$xy=10$ であれば，$x=5$，$y=2$ というわけではないので，逆は正しくない。

(2) 例えば，$x=2$，$y=3$ とすると，$xy=6$
したがって，$xy$ が偶数であれば，$x$，$y$ の両方が偶数というわけではない。このように，$x$，$y$ の少なくとも一方が偶数ならば，それらの積 $xy$ は偶数になるので，逆は正しくない。

(3) 三角形の2つの角が等しければ，その三角形は等しい2つの角を底角とする二等辺三角形である。

(4) 例えば，右の図のように，∠A＝∠P，∠B＝∠Q，∠C＝∠Rであっても，三角形の大きさがちがうことがあるので，逆は正しくない。

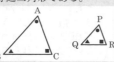

**2** (1) 二等辺三角形の底角は等しいので，次の図のようになる。よって，∠$x$＝180°－70°×2
＝40°

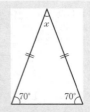

(2) 下の図のようになるので，
∠$x$＝180°－65°×2
＝50°

**3** △APQが二等辺三角形であることを証明するためには，AP＝AQをいえばよいので，まず，AP，AQを対応する辺とする△ABPと△ACQの合同を証明する。仮定から2組の辺が等しいことがわかる。もう1つの条件は，二等辺三角形の底角が等しいことを利用する。

## STEP 3 得点アップ問題　　本冊 P.56

**1** (1) $x+y=5$ ならば，$x=4$，$y=1$ である。
正しくない。

(2) △ABCにおいて，∠A＋∠B＝90°ならば，
∠C＝90°である。　正しい。

(3) 二等辺三角形の底辺を垂直に2等分する直線は，頂角の二等分線である。　正しい。

(別解)頂点からひいた角の二等分線が底辺を垂直に2等分する三角形は，二等辺三角形である。　正しい。

**2** (1) 76°　(2) 20°　(3) 125°　(4) 65°　(5) 35°
(6) 75°

**3** (証明)△PBRと△QCRにおいて，

BQ，CPはそれぞれ二等辺三角形の底角の二等分線だから，∠PBR＝∠QCR　…①

また，∠QBC＝∠PCBより，△RBCは二等辺三角形だから，BR＝CR　…②

対頂角は等しいから，∠PRB＝∠QRC　…③

①，②，③より，1組の辺とその両端の角がそれぞれ等しいので，△PBR≡△QCR

**4** 二等辺三角形

(証明)△ABCにおいて，

折り返す前と，折り返したあとの図形は重なるから，

∠BCD＝∠BCA　…①

BA//DCより，平行線の錯角は等しいので，

∠ABC＝∠BCD　…②

①，②より，∠ABC＝∠BCA

よって，2つの角が等しいので，△ABCは二等辺三角形である。

**5** (証明)△ACEと△DCBにおいて，

仮定より，　AC＝DC　…①　　　CE＝CB　…②

∠ACE＝180°−∠ECB

　　　　＝180°−60°

　　　　＝120°　…③

∠DCB＝180°−∠DCA

　　　　＝180°−60°

　　　　＝120°　…④

③，④より，　∠ACE＝∠DCB　…⑤

①，②，⑤より，２組の辺とその間の角がそれぞれ等

しいので，△ACE≡△DCB

合同な図形の対応する辺の長さは等しいから，

AE＝DB

**1** (1) 例えば，$x＝2$，$y＝3$のときも，$x＋y＝5$となる。

(2) 三角形の内角の和は180°なので，∠A＋∠B＝90°

ならば，∠C＝90°である。

(3) 二等辺三角形では，次の４つの直線は一致する。

・頂角の二等分線

・頂角の頂点から底辺の中点にひいた直線

・頂角の頂点から底辺にひいた垂線

・底辺の垂直二等分線

**2** (1) ∠$x$＝180°−52°×2

　　　　＝76°

(2) 2×∠$x$＝180°−140°　　よって，∠$x$＝20°

(3) 下の図のように，底角を∠$a$とすると，

2×∠$a$＝180°−70°より，∠$a$＝55°

よって，∠$x$＝180°−55°

　　　　　　　＝125°

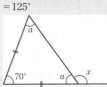

(4) ∠$x$を底角とする二等辺三角形の頂角は，25°の

角を底角とする二等辺三角形の頂角の外角だから，下

の図のようになる。

したがって，

∠$x$×2＋25°×2＝180°

　　　∠$x$×2＝130°

　　　　　∠$x$＝65°

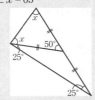

(5) 40°の角を頂角とする二等辺三角形の底角は，

∠$x$を底角とする二等辺三角形の頂角の外角になる。

その大きさは，

(180°−40°)÷2＝70°なので，

　2×∠$x$＝70°

よって，∠$x$＝35°

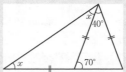

(6) 正三角形の1つの内角の大きさは60°なので，

∠$x$を底角とする二等辺三角形の頂角の大きさは，

　90°−60°＝30°

よって，2×∠$x$＝180°−30°

　　　　　∠$x$＝75°

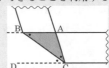

**3** BQとCPが二等辺三角形の底角の二等分線であること

から，∠PBR＝∠QCRがわかる。

また，対頂角が等しいことから，∠PRB＝∠QRCで

あるから，もちいる合同条件は「1組の辺とその両端

の角がそれぞれ等しい」である。

あとは△RBCが二等辺三角形であることに気づけば

よい。

**4** 折り返す前とあとの図形には辺の長さや角の大きさが

等しい部分ができることを利用する。

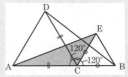

**5** AEとDBが対応する辺となる三角形を探すことから

始める。この問題では，△ACEと△DCBの合同を証

明する。2組の辺とその間の角が等しいことを示すた

めには，∠ACEと∠DCBがどちらも一直線の角の

180°から正三角形の内角をひいたものであることを利

用する。

テストの **要点** を書いて確認　　　　本冊 P.58

① (1) いえる。　　(2) いえない。

本冊 P.59

1　⑦と⑨

（合同条件）2 組の辺とその間の角がそれぞれ等しい。

　　④と①

（合同条件）直角三角形の斜辺と他の1辺がそれぞれ等しい。

　　⑦と①

（合同条件）直角三角形の斜辺と1つの鋭角がそれぞれ等しい。

（別解）

1組の辺とその両端の角がそれぞれ等しい。

2　（証明）△ABDと△ACEにおいて，

仮定より，

　　∠ADB＝∠[AEC]＝[90]°　…①

　　[AB]＝AC　…②

共通な角だから，∠BAD＝∠[CAE]　…③

①，②，③より，[直角三角形の斜辺と1つの鋭角]がそれぞれ等しいので，△ABD≡△ACE

合同な図形の対応する辺の長さは等しいから，

BD＝CE

3　（証明）△MBDと△MCEにおいて，

仮定より，

　　∠MDB＝∠MEC＝90°　…①

△ABCはAB＝ACの二等辺三角形だから，

　　∠DBM＝∠ECM　…②

Mは辺BCの中点だから，

　　MB＝MC　…③

①，②，③より，直角三角形の斜辺と1つの鋭角がそれぞれ等しいので，△MBD≡△MCE

合同な図形の対応する辺の長さは等しいから，

BD＝CE

**解説**

2　仮定をもとに図に印をかき込むと，下の図のようになる。これだけだと見づらいので，△ABDと△ACEを別々にかいてみるとわかりやすくなる。

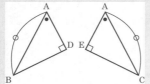

**ミス注意!**

図形の証明問題で，図形が重なっているとわかりづらい。慣れるまでは，別々に図形をかいてみるとよい。

3　仮定をもとに図に印をかき込むと，下の図のようになる。すると，線分BDとCEが対応する辺となる△MBDと△MCEが合同であることが予想できる。

本冊 P.60

1　(1) PRO　(2) PRO　(3) PO

　(4) 斜辺と1つの鋭角　(5) 辺(の長さ)

2　（証明）△APBと△DQAにおいて，

仮定より，∠APB＝∠DQA＝90°…①

正方形の4つの辺は等しいから，AB＝DA…②

∠PAB＋∠PBA＝90°，∠PAB＋∠QAD＝90°なので，∠PBA＝∠QAD…③

①，②，③より，直角三角形の斜辺と1つの鋭角がそれぞれ等しいので，△APB≡△DQA

合同な図形の対応する辺の長さは等しいから，

AP＝DQ

3　（証明）△ABEと△ADFにおいて，

仮定より，AE＝AF　…①

正方形ABCDだから，AB＝AD　…②

　　　　　　　∠ABE＝∠ADF＝90°　…③

①，②，③より，直角三角形の斜辺と他の1辺がそれぞれ等しいので，△ABE≡△ADF

合同な図形の対応する辺の長さは等しいから，

BE＝DF

4　(1) （証明）△AEDと△AEFにおいて，

仮定より，

　　∠ADE＝∠AFE＝90°　…①

線分AEは∠DACの二等分線だから，

　　∠DAE＝∠FAE　…②

共通な辺だから，

　　AE＝AE　…③

①，②，③より，直角三角形の斜辺と1つの鋭角がそれぞれ等しいので，△AED≡△AEF

(2) 線分EF，CF

5　（証明）△PBAと△QACにおいて，

仮定より，∠APB＝∠CQA＝90°　…①

直角二等辺三角形の等しい辺なので，BA＝AC　…②

$$\angle\mathrm{PAB} = 180° - \angle\mathrm{BAC} - \angle\mathrm{CAQ}$$
$$= 90° - \angle\mathrm{CAQ}$$
$$\angle\mathrm{QCA} = 180° - \angle\mathrm{CQA} - \angle\mathrm{CAQ}$$
$$= 90° - \angle\mathrm{CAQ}$$

よって，$\angle\mathrm{PAB} = \angle\mathrm{QCA}$　…③

①，②，③より，直角三角形の斜辺と1つの鋭角がそれぞれ等しいので，$\triangle\mathrm{PBA} \equiv \triangle\mathrm{QAC}$

合同な図形の対応する辺の長さは等しいから，

$$\mathrm{BP} = \mathrm{AQ}, \quad \mathrm{AP} = \mathrm{CQ}$$

よって，$\mathrm{BP} + \mathrm{CQ} = \mathrm{AQ} + \mathrm{AP} = \mathrm{PQ}$

---

$$= 180° - 90° - \angle\mathrm{CAQ}$$
$$= 90° - \angle\mathrm{CAQ}$$

また，$\angle\mathrm{QCA}$は，$\triangle\mathrm{QAC}$の内角の和の$180°$から，$\angle\mathrm{CQA}$と$\angle\mathrm{CAQ}$をひいたものだから，

$$\angle\mathrm{QCA} = 180° - \angle\mathrm{CQA} - \angle\mathrm{CAQ}$$
$$= 180° - 90° - \angle\mathrm{CAQ}$$
$$= 90° - \angle\mathrm{CAQ}$$

よって，「直角三角形の斜辺と1つの鋭角がそれぞれ等しい」という合同条件が利用できる。

---

**解説**

**1** PQとPRが対応する辺となる$\triangle\mathrm{PQO}$と$\triangle\mathrm{PRO}$の合同を証明すればよい。仮定から，直角三角形で1つの鋭角が等しいことがわかる。ま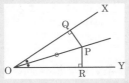た，斜辺POは共通なので，「直角三角形の斜辺と1つの鋭角がそれぞれ等しい」の合同条件があてはまる。

**3** 仮定をもとに，図に印をかき込むと右の図のようになる。すると，BEとDFが対応する辺となる$\triangle\mathrm{ABE}$と$\triangle\mathrm{ADF}$が合同であることが予想できる。

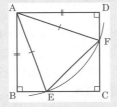

**4** (1) 仮定をもとに，図に印をかき込むと下の図のようになる。すると，「直角三角形の斜辺と1つの鋭角がそれぞれ等しい」という合同条件にあてはまることがわかる。

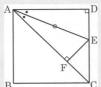

(2) $\triangle\mathrm{AED} \equiv \triangle\mathrm{AEF}$より，合同な図形の対応する辺の長さは等しいので，$\mathrm{ED} = \mathrm{EF}$

$\triangle\mathrm{EFC}$は，$\angle\mathrm{EFC} = 90°$，$\angle\mathrm{FCE} = \angle\mathrm{FEC} = 45°$の直角二等辺三角形だから，$\mathrm{EF} = \mathrm{CF}$

**5** 仮定をもとに，図に印をかき込むと，下の図のようになる。ここから，$\triangle\mathrm{PBA}$と$\triangle\mathrm{QAC}$が直角三角形で，斜辺が等しいことはわかるが，「他の1辺が等しい」のか，「1つの鋭角が等しい」のかがわからない。

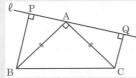

しかし，$\angle\mathrm{BAC} = 90°$に注目すると，「1つの鋭角が等しい」を利用するのではないかと予想できる。

$\angle\mathrm{PAB}$は，Aを頂点とする一直線の$\angle\mathrm{PAQ}$から，$\angle\mathrm{BAC}$と$\angle\mathrm{CAQ}$をのぞいたものだから，

$$\angle\mathrm{PAB} = 180° - \angle\mathrm{BAC} - \angle\mathrm{CAQ}$$

# 3 平行四辺形・平行線と面積

本冊 P.62

## STEP 1 要点チェック

### テストの 要点 を書いて確認

① (1) ○　(2) ○

## STEP 2 基本問題

本冊 P.63

1 (1) $\angle x = 110°$, $\angle y = 70°$　(2) $a = 7$, $b = 5$

(3) $\angle x = 105°$, $a = 3$　(4) $\angle x = 115°$

(5) $\angle x = 90°$, $a = 4$　(6) $\angle x = 30°$, $\angle y = 60°$

2

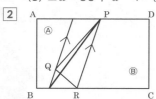

## 解説

1 (1) 平行四辺形は2組の対角が等しいので，

$\angle x = \angle\mathrm{BAD} = 110°$

また，平行四辺形のとなり合う2つの角の和は180°なので，

$\angle y = 180° - 110° = 70°$

(2) 平行四辺形の対角線はそれぞれの中点で交わるので，対角線の交点をOとすると，AO＝CO，BO＝DOである。よって，$a$の値はCOと等しく7，$b$の値はDOと等しく5である。

(3) 下の図の平行四辺形ABCDを分割した4つの四角形はどれも平行四辺形である。平行四辺形の対角は等しいので，$\angle\mathrm{EFG} = 75°$

よって，$\angle x = 105°$

また，平行四辺形の対辺は等しいので，GF＝4cm

よって，$a = 7 - 4$

$= 3$

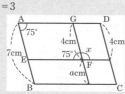

(4) 平行四辺形の対辺は平行だから，下の図で，

$\angle c = 35°$, $\angle d = \angle x$

よって，

$\angle x = 180° - (\angle c + 30°)$

$= 115°$

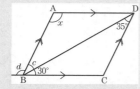

(5) 図の四角形は，対辺がそれぞれ等しく，1つの角が90°なので，長方形である。

長方形の対角線は長さが等しく，それぞれの中点で交わるので，

$a = 8 \times \dfrac{1}{2}$

$= 4$

長方形は，4つの角がすべて等しいので，$\angle x = 90°$

(6) 図の四角形は，対角線がそれぞれの中点で交わっており，となり合う辺が等しいので，ひし形である。ひし形は対角が等しく，対角線はそれぞれの角を2等分するので，

$\angle x = 60° \times \dfrac{1}{2}$

$= 30°$

対角線によって分けられた4つの直角三角形はすべて合同で，内角が90°，60°，30°の三角形である。

よって，$\angle y = 60°$

2 手順は，右の図のようになる。

① $\triangle\mathrm{PQR}$をつくる。

②点Qを通る辺PRと平行な直線をひき，この平行線と辺BCの交点をQ′とする。

③PとQ′を結ぶ。

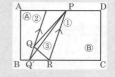

## STEP 3 得点アップ問題

本冊 P.64

1 (証明)平行四辺形ABCDにおいて，

対角線はそれぞれの中点で交わるから，

$\mathrm{OB} = \mathrm{OD}$　…①

仮定より，$\mathrm{OE} = \mathrm{OF}$　…②

①，②より，対角線がそれぞれの中点で交わるので，四角形BFDEは平行四辺形である。

2 (証明)平行四辺形ABCDにおいて，

対辺は等しいから，

$\mathrm{AD} = \mathrm{BC}$

M，Nは等しい辺の中点だから，

$\mathrm{AM} = \mathrm{NC}$　…①

平行四辺形の対辺だから，

$\mathrm{AM} /\!/ \mathrm{NC}$　…②

①，②より，1組の対辺が平行でその長さが等しいので，四角形ANCMは平行四辺形である。

3 (証明)平行四辺形ABCDにおいて，

対角は等しいから，

$\angle\mathrm{A} = \angle\mathrm{C}$

AE，CFは等しい角の二等分線だから，

$\angle\mathrm{EAF} = \angle\mathrm{FCE}$　…①

平行線の錯角は等しいから，

$\angle\mathrm{EAF} = \angle\mathrm{AEB}$　…②

①，②より，$\angle\mathrm{AEB} = \angle\mathrm{FCE}$

同位角が等しいから，$\mathrm{AE} /\!/ \mathrm{FC}$

4 長方形

(証明)$\angle\mathrm{BAF}$，$\angle\mathrm{DAF}$，$\angle\mathrm{BCH}$，$\angle\mathrm{DCH}$をそれぞれ$\angle a$とし，$\angle\mathrm{ABF}$，$\angle\mathrm{CBF}$，$\angle\mathrm{ADH}$，$\angle\mathrm{CDH}$をそれぞれ$\angle b$とする。

平行四辺形のとなり合う角の和は180°だから，

$2 \times \angle a + 2 \times \angle b = 180°$

両辺を2でわると,

$\angle a + \angle b = 90°$

△ABFで,

$\angle FAB + \angle FBA + \angle AFB = \angle a + \angle b + \angle AFB$

$= 90° + \angle AFB = 180°$

よって, $\angle AFB = 90°$であり, 対頂角は等しいから,

$\angle EFG = 90°$である。

これは, 四角形EFGHのすべての内角で同様である。

よって, 四角形EFGHは4つの角がすべて直角なので, 四角形EFGHは長方形である。

**5** △AEC, △AFC, △DFC

**6** 点Mを通り, APに平行な直線をひく。その直線と辺ACとの交点をQとする。△AQMと△PQMは, 底辺QMが共通で, AP∥QMより高さが等しいので, △AQM=△PQMである。よって, △AMC=△QPCとなり, 直線PQは△ABCの面積を2等分する。

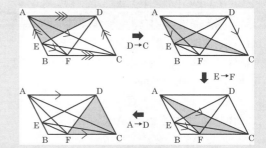

**6** ①線分AMをひくと, △AMCの面積は△ABCの面積の半分である。

②AとPを結ぶ。

③点Mを通り, 線分APに平行な直線をひく。その直線上に点Q′をとると, △AQ′M=△PQ′M である。

④点Q′がAC上にきたときの点をQとすると, △AQM=△PQM である。

△AMCと△QPCを考えると,

△AMC=<u>△QMC</u>+△AQM,

△QPC=<u>△QMC</u>+△PQM

よって, △AMC=△QPC である。

したがって, 直線PQは△ABCの面積を2等分する。

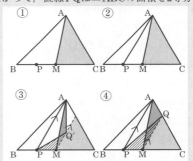

**解 説**

**1** 問題で与えられた条件をかき込むと, 下の図のようになる。よって, 「対角線がそれぞれの中点で交わる」ことを目標にする。

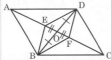

**2** 問題で与えられた条件をかき込むと, 下の図のようになる。よって, 「1組の対辺が平行でその長さが等しい」ことを目標にする。

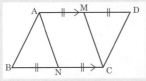

**3** 平行の証明なので, 同位角か錯角が等しいことを示す。問題で与えられた条件をかき込むと, 下の図のようになる。

よって, 「同位角が等しい」ことを目標にする。

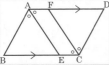

**5** このような問題の手順は,

①底辺と平行な線を見つける。

②頂点を平行線上でずらす。

の順で考えるとよい。

❶ (1) 33°　(2) 39°　(3) 51°　(4) 75°

❷ (証明)△ABCは，仮定より，AB＝ACの二等辺三角
形なので，その底角は等しく，
　　∠ABC＝∠ACB　…①
∠PBC＝$a$°とおくと，∠ABC＝2$a$°
①より，∠ACB＝2$a$°　…②
ここで，∠ACBは△CPQの外角なので，
　　∠ACB＝∠CPQ＋∠CQP　…③
また，△CPQはCP＝CQの二等辺三角形なので，
　　∠CPQ＝∠CQP　…④
②，③，④より，∠CPQ＝∠CQP＝$a$°
以上より，∠PBQ＝∠PQB＝$a$°
よって，2つの角が等しいので，△PBQは二等辺三角
形である。

❸ (証明)AD∥BCより，△DPC＝△APC　…①
AB∥CQより，△ACQ＝△BCQ
　　△ACQ＝△PCQ＋△APC
　　△BCQ＝△PCQ＋△BPQ
よって，△APC＝△BPQ　…②
①，②より，△DPC＝△BPQ

❹ (証明)△ABEと△BCGにおいて，
四角形ABCDは正方形だから，
　　AB＝BC　…①
　　∠ABE＝∠BCG＝90°　…②
また，∠BAE＝∠CBG(＝90°－∠ABF)　…③
①，②，③より，1組の辺とその両端の角がそれぞれ
等しいので，△ABE≡△BCG

❺ (証明)PS∥QR，PQ∥SRより，四角形PQRSは平行四
辺形である。
点PからQR，RSに垂線PT，PUをひく。
△PQTと△PSUにおいて，
　　∠PTQ＝∠PUS＝90°　…①
　　PT＝PU　…②
平行四辺形の対角は等しいから，
　　∠PQT＝∠PSU　…③
①より，　∠QPT＝180°－(∠PTQ＋∠PQT)
　　　　　　　　　＝90°－∠PQT
　　　　　∠SPU＝180°－(∠PUS＋∠PSU)
　　　　　　　　　＝90°－∠PSU
よって，③より，∠QPT＝∠SPU　…④
①，②，④より，1組の辺とその両端の角がそれぞれ
等しいので，△PQT≡△PSU
合同な図形の対応する辺の長さは等しいから，

PQ＝PS
よって，平行四辺形でとなり合う辺が等しいので，四
角形PQRSはひし形である。

**解 説**

❶ (1) AB＝ACより，△ABCは二等辺三角形である。
　よって，∠ABC＝∠ACB
　∠BAC＝30°なので，
　　　∠ACB＝(180°－30°)×$\dfrac{1}{2}$
　　　　　　＝75°
　下の図で，
　　∠EAC＝180°－∠DAB－∠BAC
　　　　　＝180°－42°－30°
　　　　　＝108°
　平行線の錯角は等しいので，
　　∠FCA＝∠EAC＝108°
　よって，∠$x$＝∠ACF－∠ACB
　　　　　　　＝108°－75°
　　　　　　　＝33°

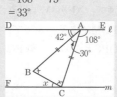

(2) △BCDは直角三角形なので，
　　∠CBD＋∠BCD＝90°
三角形の内角の和は180°なので，
　　　∠BAC＋∠ABC＋∠BCA＝180°
　40°＋11°＋∠$x$＋∠CBD＋∠BCD＝180°
　　　　　40°＋11°＋∠$x$＋90°＝180°
　　　　　　　　　　　　　　∠$x$＝39°
(四角形ABCDの内角の和が360°であることから求め
てもよい。)
(3) AB＝AEなので，△ABEはAB＝AEの二等辺三
角形である。
よって，∠ABE＝∠AEB
　　　　　　　　＝(180°－110°)×$\dfrac{1}{2}$
　　　　　　　　＝35°
平行線の錯角は等しいので，
　　∠CBE＝∠AEB＝35°
平行四辺形の対角は等しいので，
　　∠BCD＝∠BAD＝110°
よって，
　　∠ECB＝∠BCD－∠DCE
　　　　　＝110°－16°
　　　　　＝94°
△EBCにおいて，三角形の内角の和は180°なので，
　　∠$x$＝180°－(35°＋94°)
　　　　＝51°

(4) ひし形のとなり合う角の大きさの和は180°なので，
　　∠BCD＝180°－∠ABC
　　　　　＝180°－75°
　　　　　＝105°
四角形AECFにおいて，

$$\angle EAF + \angle AEC + \angle ECF + \angle AFC = 360°$$
$$\angle x + 90° + 105° + 90° = 360°$$
$$\angle x = 75°$$

❷ 問題文よりわかる等しい辺に印をつけて，二等辺三角形を見つける。二等辺三角形の底角が等しくなるという性質を利用し，等しい角度をかき込んでいけば，$\angle PBQ = \angle PQB$ がみえる。

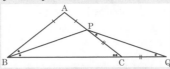

❹ AB = BC，$\angle ABE = \angle BCG = 90°$ は比較的簡単に見つかる。

$\angle AFB = 90°$ の $\triangle ABF$ から，$\angle BAE = 90° - \angle ABF$
$$\angle CBG = 90° - \angle ABF$$

を見つけることができれば，合同を証明できる。

❺ 直角三角形PQT，PSUを図の中につくるのがポイント。長方形ABCDと長方形FGHEは合同なので，AB = FG，PT = AB，PU = FGより，PT = PUとなる。また，2つの直角三角形において，1つの鋭角が等しければ，他方の角も等しくなることを利用する。

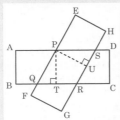

---

# 1 いろいろな確率

### STEP 1 要点チェック

**テストの要点を書いて確認** 　本冊 P.68

① $\dfrac{4}{15}$ 　② $\dfrac{15}{16}$

### STEP 2 基本問題 　本冊 P.69

1 (1) $\dfrac{1}{52}$ 　(2) $\dfrac{3}{13}$

2 (1) $\dfrac{1}{5}$ 　(2) $\dfrac{4}{5}$

3 (1) $\dfrac{5}{36}$ 　(2) $\dfrac{13}{36}$

4 (1) $\dfrac{3}{8}$ 　(2) $\dfrac{7}{8}$

5 (1) 24通り 　(2) $\dfrac{1}{2}$

**解説**

1 (1) 1組のトランプの中に，ダイヤの7は1枚。

よって，求める確率は，$\dfrac{1}{52}$

(2) 1組のトランプの中に絵札 (11, 12, 13) は

$3 \times 4 = 12$(枚)。よって，求める確率は，$\dfrac{12}{52} = \dfrac{3}{13}$

2 (1) 10本のうち，あたりは2本なので，求める確率は，$\dfrac{2}{10} = \dfrac{1}{5}$

(2) 10本のうちはずれは，$10 - 2 = 8$(本)

よって，求める確率は，$\dfrac{8}{10} = \dfrac{4}{5}$

3 (1) 大小2つのさいころを同時に投げるときの出た目の数の和を表に表すと，次のようになる。

| 大／小 | 1 | 2 | 3 | 4 | 5 | 6 |
|---|---|---|---|---|---|---|
| 1 | 2 | 3 | 4 | 5 | 6 | 7 |
| 2 | 3 | 4 | 5 | 6 | 7 | 8 |
| 3 | 4 | 5 | 6 | 7 | 8 | 9 |
| 4 | 5 | 6 | 7 | 8 | 9 | 10 |
| 5 | 6 | 7 | 8 | 9 | 10 | 11 |
| 6 | 7 | 8 | 9 | 10 | 11 | 12 |

表より，起こりうるすべての場合は，$6 \times 6 = 36$(通り)。出た目の数の和が6になるのは，表にかげをつけたときなので，5通り。

よって，求める確率は，$\dfrac{5}{36}$

(2) 大小2つのさいころを同時に投げるときの出た目の数の積を表に表すと，次のようになる。

| 大／小 | 1 | 2 | 3 | 4 | 5 | 6 |
|---|---|---|---|---|---|---|
| 1 | 1 | 2 | 3 | 4 | 5 | 6 |
| 2 | 2 | 4 | 6 | 8 | 10 | 12 |
| 3 | 3 | 6 | 9 | 12 | 15 | 18 |
| 4 | 4 | 8 | 12 | 16 | 20 | 24 |
| 5 | 5 | 10 | 15 | 20 | 25 | 30 |
| 6 | 6 | 12 | 18 | 24 | 30 | 36 |

出た目の数の積が15以上になるのは，表に○をつけた

ときなので，13通り。

よって，求める確率は，$\dfrac{13}{36}$

**4** 表が出ることを㋐，裏が出ることを㋒として，起こりうるすべての場合を樹形図にかいて考える。

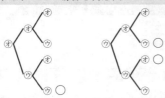

樹形図より，起こりうるすべての場合は8通り。
(1) 表が1枚，裏が2枚になるのは，上の樹形図の○をつけたときなので，3通り。

よって，求める確率は，$\dfrac{3}{8}$

(2) 起こらない確率を考える。「少なくとも1枚は裏が出る」ということは，「裏が1枚も出ない」とはならない場合である。「裏が1枚も出ない」のは，

〔表，表，表〕の1通りなので，確率は，$\dfrac{1}{8}$

よって，求める確率は，$1-\dfrac{1}{8}=\dfrac{7}{8}$

**5** (1) 4人の並び方を樹形図にかいて考える。

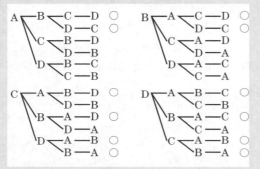

樹形図より，並び方は24通り。
(2) AとBがとなり合っているのは，上の樹形図の○をつけたときだから，12通り。

よって，求める確率は，$\dfrac{12}{24}=\dfrac{1}{2}$

---

**1** (1) $\dfrac{7}{13}$　(2) $\dfrac{6}{13}$

**2** (1) $\dfrac{1}{2}$　(2) $\dfrac{1}{10}$　(3) $\dfrac{5}{6}$

**3** $\dfrac{1}{2}$

**4** (1) $\dfrac{1}{2}$　(2) $\dfrac{1}{4}$

**5** (1) $\dfrac{1}{3}$　(2) $\dfrac{3}{5}$　(3) $\dfrac{1}{2}$

**6** (1) $\dfrac{1}{2}$　(2) $\dfrac{7}{36}$

**7** $\dfrac{2}{9}$

**8** $\dfrac{5}{18}$

---

解 説

**1** (1) トランプの中で，6より大きい数は，7，8，9，10，11，12，13の7枚。それが，スペード，クローバー，ハート，ダイヤの4種類についてそれぞれ7枚あるので，1組のトランプの中に6より大きい数字のカードは，
$7×4=28$（枚）

よって，求める確率は，$\dfrac{28}{52}=\dfrac{7}{13}$

(2) 1～13のうち，偶数は，2，4，6，8，10，12の6枚。
よって，1組のトランプの中で偶数のカードは，
$6×4=24$（枚）

よって，求める確率は，$\dfrac{24}{52}=\dfrac{6}{13}$

**2** (1) 袋の中には玉は全部で，$5+4+1=10$（個）
そのうち赤玉は5個なので，取り出した玉が赤玉である確率は，$\dfrac{5}{10}=\dfrac{1}{2}$

(2) 青玉は1個なので，取り出した玉が青玉である確率は，$\dfrac{1}{10}$

(3) 白玉を全部取り除いたら，残っている玉の数は6個である。

よって，求める確率は，$\dfrac{5}{6}$

**3** 表が出ることを㋐，裏が出ることを㋒として，コインを2回投げたときの出た面のすべての場合を樹形図にかいて考える。

樹形図より，すべての場合の数は4通り。
それぞれについて点数を計算する。
〔表，表〕の場合→3点の持ち点から，1回目に表が出れば2点加点，2回目にさらに表が出れば，1回目と同じ面が出たことになるので，さらに3点加点される。よって，点数は，$3+2+3=8$（点）
〔表，裏〕の場合→3点の持ち点から，1回目に表が出れば2点加点，2回目に裏が出れば，1回目とちがう面が出たことになるので，3点減点される。よって，点数は，$3+2-3=2$（点）
〔裏，表〕の場合→3点の持ち点から，1回目に裏が出れば1点減点，2回目に表が出れば，1回目とちがう面が出たことになるので，さらに3点減点される。よって，点数は，$3-1-3=-1$（点）
〔裏，裏〕の場合→3点の持ち点から，1回目に裏が出れば1点減点，2回目に裏が出れば，1回目と同じ面が出たことになるので，3点加点される。よって，点数は，$3-1+3=5$（点）
したがって，最終的な点数が最初の持ち点より小さくなるのは，〔表，裏〕，〔裏，表〕の2通り。

求める確率は，$\dfrac{2}{4}=\dfrac{1}{2}$

**4** (1) 3個の数字を並べてできる3けたの整数を樹形図にかいて考える。

ミス注意！

同じ数字は使わないので，同じ数字は並ばない。

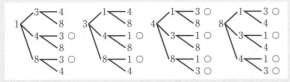

樹形図より，すべての場合の数は，24通り。このうち，奇数になるのは，上の樹形図で○をつけたときだから，12通り。

よって，求める確率は，$\dfrac{12}{24}=\dfrac{1}{2}$

(2) 同じ数字を何回でも使ってよい場合，百の位に入る数字は，1，3，4，8の4通り。同様に，十の位，一の位に入る数字も4通りずつあるので，できる3けたの整数を樹形図にかいて考える。

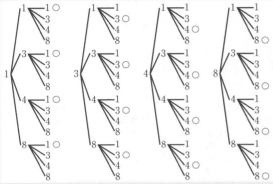

樹形図より，すべての場合の数は，64通り。
このうち，百の位の数字と一の位の数字が同じになるのは，上の樹形図の○をつけたときだから，16通り。

よって，求める確率は，$\dfrac{16}{64}=\dfrac{1}{4}$

**5** (1) グーをグ，チョキをチ，パーをパとして，じゃんけんの手の出し方を樹形図にかいて考える。

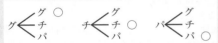

樹形図より，すべての場合の数は9通り。
このうち，あいこになるのは，○をつけた3通り。

よって，求める確率は，$\dfrac{3}{9}=\dfrac{1}{3}$

(2) 白玉を①，②，③，赤玉を❹，❺として，取り出す玉の組み合わせを樹形図にかいて考える。

**ミス注意!**

「同時に」取り出すので，同じ組み合わせはかかない。

樹形図より，すべての場合の数は10通り。
このうち，白玉1個，赤玉1個となるのは，○をつけた6通り。

よって，求める確率は，$\dfrac{6}{10}=\dfrac{3}{5}$

(3) 袋Aに入っているカードを①，②，袋Bに入っているカードを②，③，④として，取り出すカードの組

---

み合わせを樹形図にかいて考える。

樹形図より，すべての場合の数は6通り。
このうち，和が5以上になるのは，○をつけた3通り。

よって，求める確率は，$\dfrac{3}{6}=\dfrac{1}{2}$

**6** (1) 2つのさいころの目の出方を表にかいて考える。
△AOBの面積は高さ$y$によって変わる。

| $\diagdown$ $x$ $y$ | 1 | 2 | 3 | 4 | 5 | 6 |
|---|---|---|---|---|---|---|
| 1 | 3 | 3 | 3 | 3 | 3 | 3 |
| 2 | 6 | 6 | 6 | 6 | 6 | 6 |
| 3 | 9 | 9 | 9 | 9 | 9 | 9 |
| 4 | 12 | 12 | 12 | 12 | 12 | 12 |
| 5 | 15 | 15 | 15 | 15 | 15 | 15 |
| 6 | 18 | 18 | 18 | 18 | 18 | 18 |

面積が12以上になるのは，上の表のかげをつけた18通り。よって，求める確率は，$\dfrac{18}{36}=\dfrac{1}{2}$

(2) △AOBが二等辺三角形になるのは，下の図の2つの場合があり，そのときの大小2つのさいころの目の組み合わせは，〔大，小〕＝〔3，1〕，〔3，2〕，〔3，3〕，〔3，4〕，〔3，5〕，〔3，6〕，〔6，6〕の7通り。

よって，求める確率は，$\dfrac{7}{36}$

**7** 点Pが頂点Dで止まるのは，2回投げたさいころの目の数の和が，2か7か12になったときである。1つのさいころを2回投げるときの目の出方と目の数の和を表にかいて考える。

| 1回目 2回目 | 1 | 2 | 3 | 4 | 5 | 6 |
|---|---|---|---|---|---|---|
| 1 | 2 | 3 | 4 | 5 | 6 | 7 |
| 2 | 3 | 4 | 5 | 6 | 7 | 8 |
| 3 | 4 | 5 | 6 | 7 | 8 | 9 |
| 4 | 5 | 6 | 7 | 8 | 9 | 10 |
| 5 | 6 | 7 | 8 | 9 | 10 | 11 |
| 6 | 7 | 8 | 9 | 10 | 11 | 12 |

点Pが頂点Dで止まるのは，上の表のかげをつけた8通り。

よって，求める確率は，$\dfrac{8}{36}=\dfrac{2}{9}$

**8** さいころの目とP，Qの位置を表にすると右のようになる。よって，P，Qが同じ頂点に止まる〔$a$，$b$〕の組み合わせは，〔1，2〕，〔1，6〕，〔2，1〕，〔2，5〕，〔3，4〕，〔4，3〕，〔5，2〕，〔5，6〕，〔6，1〕，〔6，5〕の10通りである。
よって，さいころの目の出方は36通りだから，

求める確率は，$\dfrac{10}{36}=\dfrac{5}{18}$

| | P | | Q |
|---|---|---|---|
| $a$ | 頂点 | $b$ | 頂点 |
| 1 | B | 1 | C |
| 2 | C | 2 | B |
| 3 | D | 3 | A |
| 4 | A | 4 | D |
| 5 | B | 5 | C |
| 6 | C | 6 | B |

## 定期テスト予想問題　　本冊 P.72

❶ (1) $\dfrac{1}{6}$　(2) $\dfrac{7}{36}$　(3) $\dfrac{5}{9}$

❷ (1) $\dfrac{1}{2}$　(2) $\dfrac{2}{5}$　(3) $\dfrac{8}{15}$　(4) $\dfrac{9}{10}$

❸ $\dfrac{3}{8}$

❹ (1) $\dfrac{1}{3}$　(2) $\dfrac{1}{3}$　(3) $\dfrac{4}{15}$

❺ $\dfrac{5}{12}$

### 解説

❶ (1) 出た目の数の和が7になるのは，大小2つのさいころの目の組み合わせが
〔大，小〕＝〔1，6〕，〔2，5〕，〔3，4〕，〔4，3〕，〔5，2〕，〔6，1〕の6通り。
さいころの目の出方は全部で36通りなので，求める確率は，$\dfrac{6}{36}=\dfrac{1}{6}$

(2) 2つのさいころの目の数の和が最大になるのは，6＋6＝12のときなので，12以下の5の倍数，つまり，5，10になるときを考える。
和が5になるのは，〔大，小〕＝〔1，4〕，〔2，3〕，〔3，2〕，〔4，1〕の4通り。
和が10になるのは，〔大，小〕＝〔4，6〕，〔5，5〕，〔6，4〕の3通り。つまり，全部で，4＋3＝7(通り)。よって，求める確率は，$\dfrac{7}{36}$

(3) 24の約数は，1，2，3，4，6，8，12，24の8個。
大小2つのさいころの目の出方と目の数の積を表にかいて考える。

| 大／小 | 1 | 2 | 3 | 4 | 5 | 6 |
|---|---|---|---|---|---|---|
| 1 | 1 | 2 | 3 | 4 | 5 | 6 |
| 2 | 2 | 4 | 6 | 8 | 10 | 12 |
| 3 | 3 | 6 | 9 | 12 | 15 | 18 |
| 4 | 4 | 8 | 12 | 16 | 20 | 24 |
| 5 | 5 | 10 | 15 | 20 | 25 | 30 |
| 6 | 6 | 12 | 18 | 24 | 30 | 36 |

24の約数になるのは，かげをつけた20通り。
よって，求める確率は，$\dfrac{20}{36}=\dfrac{5}{9}$

❷ (1) できる3けたの整数を樹形図にかいて考える。

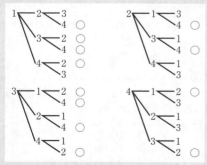

樹形図より，すべての場合の数は24通り。
このうち，できる3けたの整数が偶数となるのは，上の樹形図で○をつけた12通り。

よって，求める確率は，$\dfrac{12}{24}=\dfrac{1}{2}$

(2) 取り出す2個の玉の組み合わせを樹形図にかいて考える。

「同時に」取り出すので，同じ組み合わせは考えない。

樹形図より，すべての場合の数は10通り。
このうち，取り出したうちの1個が赤玉であるのは，上の樹形図で○をつけた4通り。

よって，求める確率は，$\dfrac{4}{10}=\dfrac{2}{5}$

(3) あたりを①，②，③，④，はずれを❺，❻として，樹形図をかいて考える。

「同時に」2本ひくので，同じ組み合わせは考えない。

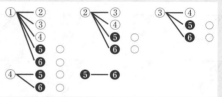

樹形図より，すべての場合の数は15通り。
このうち，1本があたりで1本がはずれとなるのは，樹形図で○をつけた8通り。

よって，求める確率は，$\dfrac{8}{15}$

(4)「少なくとも1個は黒玉である」ということは，「黒玉を1個も取り出さない」とはならない場合である。
「黒玉を1個も取り出さない」のは，2個の白玉を白1，白2とすると，
〔1回目，2回目〕＝〔白1，白2〕，〔白2，白1〕となる2通り。
玉を1個ずつ続けて2個取り出すとき，すべての場合の数は20通りなので，
求める確率は，$1-\dfrac{2}{20}=\dfrac{18}{20}=\dfrac{9}{10}$

❸ 表が出ることを㋐，裏が出ることを㋑として，コインを3回投げるときの表裏の組み合わせを樹形図にかいて考える。

樹形図より，すべての場合の数は8通り。
表が出れば＋2，裏が出れば－1と考えると，3回コインを投げて点Pが原点Oにもどるのは，
〔表，裏，裏〕…＋2－1－1＝0
〔裏，表，裏〕…－1＋2－1＝0
〔裏，裏，表〕…－1－1＋2＝0
の3通りであることがわかる。

よって，求める確率は，$\dfrac{3}{8}$

❹ (1) 6人の生徒から2人を選ぶ選び方を樹形図にかいて

考える。

樹形図より，すべての場合の数は15通り。
このうち，Bが選ばれるのは上の樹形図で○をつけた
5通り。

よって，求める確率は，$\dfrac{5}{15}=\dfrac{1}{3}$

(2) 3校の演奏順を樹形図にかいて考える。

```
A─B─C    B─A─C    C─A─B ○
  C─B      C─A ○     B─A
```

樹形図より，すべての場合の数は6通り。
このうち，Aが1番目でなく，Bが2番目でなく，Cが3
番目でないものは，○をつけた2通り。

よって，求める確率は，$\dfrac{2}{6}=\dfrac{1}{3}$

(3) それぞれのカードを1, ①, 2, ②, 3, ③と区別
して，カードの取り出し方を樹形図にかいて考える。

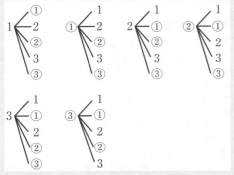

樹形図より，すべての場合の数は30通り。
$a+2b=5$となる$a$，$b$の組み合わせは，
$[a, b]=[1, 2]$，$[1, ②]$，$[①, 2]$，$[①, ②]$，$[3, 1]$，
$[3, ①]$，$[③, 1]$，$[③, ①]$の8通り。

よって，求める確率は，$\dfrac{8}{30}=\dfrac{4}{15}$

❺ 2つのさいころの目の出方と得点を表にかいて考える。

| | 1 | 2 | 3 | 4 | 5 | 6 |
|---|---|---|---|---|---|---|
| 1 | 1 | 2 | 3 | 4 | 5 | 6 |
| 2 | 2 | 2 | 3 | 4 | 5 | 6 |
| 3 | 3 | 3 | 3 | 4 | 5 | 6 |
| 4 | 4 | 4 | 4 | 4 | 5 | 6 |
| 5 | 5 | 5 | 5 | 5 | 5 | 6 |
| 6 | 6 | 6 | 6 | 6 | 6 | 6 |

目の出方は全部で36通り。
このうち，得点が奇数となるのは上の表でかげをつけ
た15通り。

よって，求める確率は，$\dfrac{15}{36}=\dfrac{5}{12}$

# 1 四分位範囲・箱ひげ図

STEP 1 要点チェック

### テストの **要点** を書いて確認　　　　本冊 P.74

① (1) 第1四分位数…2点　第2四分位数…5点
　　　第3四分位数…8点　四分位範囲…6点

(2)

```
      ┌─────┬──────────┐
──────┤     │          ├──────────
      └─────┴──────────┘
0  1  2  3  4  5  6  7  8  9  10(点)
```

STEP 2 基本問題　　　　本冊 P.75

**1** (1) 四分位数

(2) ①第1四分位数　②第3四分位数　③第2四分位数

(3) 四分位範囲

**2** (1) 5　(2) 7　(3) 3

**3** (1) 2冊　(2) 6冊　(3) 4冊

**4**

```
   ┌──┬───┐
───┤  │   ├──────────
   └──┴───┘
0  2  4  6  8  10  12  14(冊)
```

### 解 説

**2** (3) (四分位範囲)
　　＝(第3四分位数)－(第1四分位数)だから，
　　8－5＝3

**3** データを小さい順に並べ，4等分する。

　　0　1　2　2　3　4　4　5　5　7　8　12
　　　　　　　↑　　　　↑　　　　↑
　　　第1四分位数　第2四分位数　第3四分位数

(1) $\dfrac{2+2}{2}=2$(冊)

(2) $\dfrac{5+7}{2}=6$(冊)

(3) 6－2＝4(冊)

**4** 第1四分位数の2冊と第3四分位数の6冊を両端とする長
方形をかき，第2四分位数の4冊で箱の内部に線をひく。
最小値の0冊と第1四分位数の2冊，第3四分位数の6冊
と最大値の12冊をそれぞれひげで表す。

STEP 3 得点アップ問題　　　　本冊 P.76

**1** (1) 18m　(2) 22m　(3) 24m　(4) 6m

**2** (1) 18m　(2) 7m

(3)

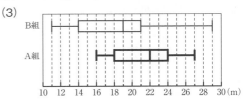

(4) ②, ③

**3** (1) 34cm　(2) 11cm　(3) 8人

(4) イ, エ

**4** (1) ア (2) イ (3) ウ (4) ア

解説

**1** (1)～(3) データを小さい順に並べ，4等分する。

16　17　18　18　19　19　21　22　23　23　24　24　25　26　27

　　　　　↑　　　　　↑　　　　　↑
　　　第1四分位数　第2四分位数　第3四分位数

(4) $24 - 18 = 6$(m)

**2** (1) 箱ひげ図では，ひげをふくめた全体の長さが範囲を表す。

(範囲) = (最大値) − (最小値)だから，

$29 - 11 = 18$(m)

(2) 箱ひげ図では，箱の長さが四分位範囲を表す。

(四分位範囲) = (第3四分位数) − (第1四分位数)だから，

$21 - 14 = 7$(m)

(3) 最小値から第1四分位数までをひげで，第1四分位数から第3四分位数までを箱で，第3四分位数から最大値までをひげで表す。箱は，第2四分位数で区切る。

(4) ① 箱ひげ図全体の長さは，範囲を表すので，データの個数(記録をとった生徒の人数)は読みとれない。

② 箱ひげ図全体の長さや，箱の長さが長いほど，散らばりが大きい。

③ 最小値を表す線と中央値を表す線との間に，データの個数の約半分がふくまれる。

④ 左のひげの部分にも，右のひげの部分にも，データの個数の約25％ずつがふくまれる。

**3** (1) (範囲) = (最大値) − (最小値)だから，

$58 - 24 = 34$(cm)

(2) (四分位範囲)

= (第3四分位数) − (第1四分位数)だから，

$44 - 33 = 11$(cm)

(3) 第3四分位数が44cmで，これは上位9位になる。よって，記録が48cmの生徒は少なくとも上位8人に入っていることがわかる。

(4) ア…記録のよいほうから数えて18番目は中央値になるから，38cmとわかる。

イ…箱ひげ図からは平均値はわからない。

ウ…第1四分位数が33cmで，これは下位9位になるから，記録が28cmの生徒は下位9人に入っている。

エ…箱ひげ図からは特定の記録の人数はわからない。

**4** 第1四分位数と第3四分位数が箱の左右の端になる。

(1)…最高得点は最大値を表す線から読みとれるので，正しい。

(2)…3組の最大値と最小値の差は，$100 - 20 = 80$(点)なので，正しくない。

(3)…箱ひげ図からは平均値はわからない。

(4)…4組の第3四分位数は70点で，これは上位8位になるから，正しい。

**❶** (1) 22kg　(2) 8.5kg

(3)

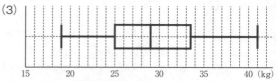

**❷** (1) 17時間　(2) 5時間　(3) 13時間

(4) ア

**❸** (1) 8　(2) 8.1　(3) 15　(4) 16

(5) 8.7　(6) 23　(7) 9.6

**❹** (1) ウ　(2) イ　(3) ア

解説

**❶** (1) (範囲) = (最大値) − (最小値)だから，

$41 - 19 = 22$(kg)

(2) (四分位範囲)

= (第3四分位数) − (第1四分位数)

第1四分位数は，$\dfrac{24 + 26}{2} = 25$(kg)

第3四分位数は，$\dfrac{33 + 34}{2} = 33.5$(kg)

よって，四分位範囲は，$33.5 - 25 = 8.5$(kg)

(3) 第1四分位数の25kgと第3四分位数の33.5kgを両端とする長方形をかき，第2四分位数の29kgで箱の内部に線をひく。最小値の19kgと第1四分位数の25kg，第3四分位数の33.5kgと最大値の41kgをそれぞれひげで表す。

**❷** (1) (範囲) = (最大値) − (最小値)だから，

$19 - 2 = 17$(時間)

(4) ア…中央値が10時間なので，正しい。

イ…最大値と最小値の差は，$19 - 2 = 17$(時間)なので，正しくない。

ウ…箱ひげ図からは平均値はわからない。

**❸** タイムを速い順に並べると，

6.6, 7.2, 7.5, 7.7, 7.9, 8.0, 8.0, 8.1, 8.2, 8.3, 8.3, 8.4, 8.4, 8.5, 8.6, 8.8, 8.9, 9.0, 9.1, 9.1, 9.3, 9.4, 9.6, 9.7, 9.8, 10.0, 10.2, 10.4, 10.6, 10.8

これを4等分して考える。

**❹** (1) 中央値が20以上30未満にあるから，ウである。

(2) 中央値が10以上20未満にあり，最大値が30以上だから，イである。

(3) 最大値が30未満だから，アである。